看图学家装

水电工技能一本就够

（全彩照片与视频实录）

主编　阎秀敏

参编　何艳艳　贾玉梅　白巧丽　董亚楠　魏文智

如何能够快速地学习和掌握一门技能，有重点地、身临其境地学习实操内容是最有效的。本书通过图文搭配解读+操作视频的形式，对家装水电工所需知识与技能进行了提炼和总结，使读者直观、轻松地掌握家装水电工技能，培养进入工作现场能够独当一面或者多面的全能型家装水电工。

本书的主要内容包括家装水电基础知识，家装水电常用基础工具，家装水电常用材料，家装水电识图，住宅电路设计，家装电工基础改造，家装水工基础改造，家装水电配套设施安装及附录。

本书适合希望从事或正在从事家居装饰装修的水电工、设计师和业主阅读、参考，也适合水电工自学者、公装水电工、进城务工人员、回乡或者下乡家装建设人员、物业水电工、农村基层电工、转业或创业人员阅读、参考。

图书在版编目（CIP）数据

看图学家装水电工技能一本就够：全彩照片与视频实录/阎秀敏主编．—北京：机械工业出版社，2021.6

ISBN 978-7-111-68927-0

Ⅰ.①看…　Ⅱ.①阎…　Ⅲ.①房屋建筑设备－给排水系统－建筑安装－图解②房屋建筑设备－电气设备－建筑安装－图解　Ⅳ.①TU82-64②TU85-64

中国版本图书馆CIP数据核字（2021）第162108号

机械工业出版社（北京市百万庄大街22号　邮政编码100037）
策划编辑：张　晶　责任编辑：张　晶　范秋涛
责任校对：刘时光　封面设计：张　静
责任印制：常天培
北京铭成印刷有限公司印刷
2021年10月第1版第1次印刷
169mm×239mm · 10.75印张 · 177千字
标准书号：ISBN 978-7-111-68927-0
定价：49.00元

电话服务　　　　　　　　　网络服务
客服电话：010-88361066　机　工　官　网：www.cmpbook.com
　　　　　010-88379833　机　工　官　博：weibo.com/cmp1952
　　　　　010-68326294　金　书　网：www.golden-book.com
封底无防伪标均为盗版　　　机工教育服务网：www.cmpedu.com

前　言

随着我国城镇化进程的加快以及人们家居环境的改善，家装行业得到了持久发展，家装队伍也不断壮大。另外，一些业主对家装知识的兴趣越来越强。作为家装安装工程中的隐蔽工程，家装水电工程更受到了家装行业与广大业主的高度重视。为此，本书以家装现场拍摄照片为主来介绍家装明装、暗装水电技能，使广大读者能够快速地学习和掌握家装水电工技能，培养进入工作现场能够独当一面或者多面的全能型水电工。

本书的特点是以实用为出发点，作者深入施工现场，以家装实际施工为背景，通过图文＋视频相结合的形式，讲解了在家装水电中常用到的工具、材料、必备技能、水电配套设施安装、水电基础改造等，使读者直观、轻松地掌握家装水电技能。

本书的主要内容包括家装水电基础知识，家装水电常用基础工具，家装水电常用材料，家装水电识图，住宅电路设计，家装电工基础改造，家装水工基础改造，家装水电配套设施安装及附录。

本书适合希望从事或正在从事家居装饰装修的水电工、设计师和业主阅读、参考，也适合水电工自学者、公装水电工、进城务工人员、回乡或者下乡家装建设人员、物业水电工、农村基层电工、转业或创业人员阅读、参考，以及相关院校师生阅读与参考。

本书的出版过程中参阅了一些珍贵的资料和文献，在此向这些资料和文献的作者深表谢意。另外，还得到了有关单位专家、同行和朋友的帮助，在此也表示感谢。

由于编写时间仓促，书中难免有不尽如人意之处，请读者批评指正。

目　录

第一章　家装水电基础知识

◀第一节　了解家装水电施工▶

一、水电工程关系家居生活的安全

水电工程在家庭装修中好比人的心脏，水电出了问题，那整个家庭生活就会出现瘫痪，是家装中的重中之重。水电工程是隐蔽工程，电涉及人身安全，水则最容易带来经济损失。后续工程开始后，一旦发现有隐蔽工程需要修补，那么麻烦就大了。

一家装修得很漂亮的房间不仅要看它的外表，隐藏起来的工程更为重要，家装水电施工图非常烦琐，顶棚上、地板下电路错综复杂，水电安装在家庭装修中起着决定性作用。

水电施工注意事项

1. 电线的选择

市场上有很多杂乱的电线，如果不了解，容易选择到劣质的产品。

2. 水管的选择

水管一般是安装在墙内和顶棚内的，如果质量不好，时间久了容易破裂，溢出的水会破坏墙面，损坏电路。

3. 线路布局

在厨房与卫生间开槽打眼时不要把原电线管路或水暖管路破坏，电路需要做防水处理，电线接头一定要刷锡。

二、认识水电工

水电工是水管工（管工）和电工的总称，简称水电工。水电工就是负责安装建筑中电路和水路的建筑工人。

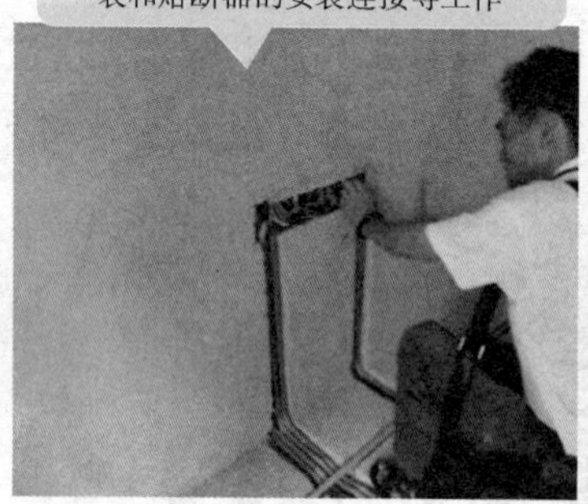
家装电工主要负责电线的铺设、插座开关的连接、灯具的安装连接、电度表和熔断器的安装连接等工作

家装水工主要负责给水管与排水管的改造、铺设、安装与测试等工作

三、水电工程施工前的准备工作

1）测量施工现场，以房主安装的水电设施确定施工的工程量，做出合理的报价。

2）签订水电施工合同书；尽量明细，以保证双方的利益。

3）进入施工现场，打出水平线，确定地坪位置。

4）以房主的要求为标准，确定水电设施的准确位置，施工开槽前做出；在施工前定好位置，施工后不再改动或添加。如需改动另外计人工费。

5）以水平线为标准挖线盒槽，以管径为标准开槽；用水泥砂浆稳线盒，要求与墙面齐平，低位、高位线盒在同一水平线上，要先做；施工前也要测量电线是否短路。

6）确定铺砖厚度，再铺设线管、给水管、排水管、煤气管，做好固定，必须与安装的水电设施做好对接。

7）最后固定好线管，铺设电源线、电话线、网线、音响线、AV 线、数据线、门禁线、电视线；也就是穿线；按水电验收标准进行验收，不埋槽时进行；封槽时封槽砂浆不得高出墙面，管路不得露出。

四、水电施工标准

1. 水路改造

水路改造是家装隐蔽工程中最重要的部分之一，一旦出现问题会造成非常大的损失。在水暖工人进行该项施工前必定要与设计师和业主充分沟通，确认成熟的方案后再进行施工。在冷热水管路施工中要注意以下几点：

1）布管线路要横平竖直，方位精确，以利将来覆盖后进行其他施工时精确确认暗埋水管的方位。

2）冷热水出水口方位要平行，深浅要相同，出水口处的内螺纹弯头要端正，两出水口距离要符合装置热水器或混水器的相关要求。

3）水管线路施工过程中要进行必要的固定，防止在后续施工中不慎改动水路方位。

4）PP-R 管的焊接要牢靠牢固，符合相关的技术标准，并可经受 8kg 质量压力。

5）PP-R 管的焊接要注意不要烫管过度，形成焊接后管路狭窄，水流经过不畅。

6）管路在狭窄方位交叉时要运用过桥弯管，不许直接搭接经过。

7）水路改造完成后要及时进行打压试验，经业主、设计师、工程监理检验合格后签字确认，并运行。

8）施工人员要配合设计师绘制精确的水路图样，交业主和公司留底备查。

禁止在卫生间地上开槽，禁止在距地 20cm 以下墙面及地脚处开槽，禁止在混凝土墙上开横槽（必要的横槽长度要小于 30cm）。

注意事项

为了保证水路改造的安全性，为了不发生其他附加风险，同时也为了后期修理方便，冷热水管的管路均应按标准要求走房间顶部顺墙下延。这样还可以防止损坏卫生间地上原有的防水。

2. 电路改造

电路改造首先要注意安全性与业主后期使用方便性。因为互联网与通信科技的发展很快，电路改造的工人要及时弥补相关科学文化知识和添置相关设备，改造线路要充分尊重业主的意见并要从专业出发为业主考虑周到，现场队长和电工要提出专业、完善的合理化改电建议，并提示业主乱拉强电明线的风险和不方便性。

1）强弱电线路要分开布线，不允许强弱电线路共同走一根穿线管。

2）穿线管拐弯时要使用煨弯器，或者使用弯头，禁止打死折形成穿线不畅或将来无法换线。

3）使用镀锌钢管的标准做法要求：

①线盒锁口处要加 PVC 护口，防止穿电线时划伤电线。

②镀锌管路接口处要牢靠衔接，衔接点的螺栓要紧到位并将螺母大力拧掉。

③线管在顶面上布线时要用线卡子固定好，地上线路过长时要分段固定，墙面开槽要及时修复，用水泥砂浆抹平。

特别注意：地上固定时打眼要避开地下暗埋的供暖和给水排水管线！

4）假如客户要求降低成本选用 PVC 线管穿线的，要告知客户将来无法保证换线，电路失火时无法保证阻燃及不发生有害烟毒气体。

5）PVC 线管内的电线不得超过 3 条，超过的要走两条线路。

五、水电工程施工安全注意事项

1. 严禁导线外露

严禁将导线无任何保护地直接敷设在墙内、地板下或顶棚上。

2. 电路分开走线

要求强电与弱电，开关、空调插座与电器插座分开走线。强弱电最少应相隔 30cm，空调插座专用截面面积为 6mm^2 以上的电线，应距地面 200cm 以上；电器插座专用截面面积为 4mm^2 分组，开关截面面积为 2.5mm^2 以上专用分组。

3. 用电系统保护方式

接地保护和接零保护，在同一系统中，严禁同时采取两种保护方式。

4. 禁止在穿线管内连接导线

导线长度不够需接长时，应在开关、插座、灯头盒等盒内接线。

5. 排水管无渗漏、牢固

排水管横向管道应有一定的坡度，承插口连接严密，确保无渗透。固定管道的支架、吊卡间距合理、牢固。

签订水电施工合同

1）提前预约水电工程师上门规划确定定位点，现场做工程量预算，在施工中不变更一位点的情况下，误差值应不超过10%，避免结算时水电超支。

2）水电路改造合同需确定：水管，管件，BV单铜线，UPVC阻燃电工管，网络线，电视线，电话线，音响线等各种材料的品牌型号，避免以次充好的事件发生。

3）水电改造合同应注明各项目单价，预算总价及误差值。

4）要留意合同上的后续服务，如工程出现质量问题或者其他的相关问题，对方应如何处理等。

第二节　家装电工安全操作常识

家装电工的主要工作是完成对家庭配电线路的设计与规划、供电线路的敷设及相关电气部件和电气设备的安装等。家装电工很多时候会接触交流220V市电，若操作不当或工作疏忽极易造成人员伤亡与设备的损毁，严重时还会引发火灾。

因此，家装电气操作人员必须具备安全用电的基本常识，并掌握必要的安全操作规范。

一、操作前必须进行验电

试电笔测试插座线路是否有电
验电器测试照明线路是否有电

二、不可用潮湿的手进行线路敷设及安装操作

在进行线路敷设或安装操作时，不可用潮湿的手去触及开关、插座和灯座等用电装置，更不可用湿抹布去揩抹电气装置及用电器具。

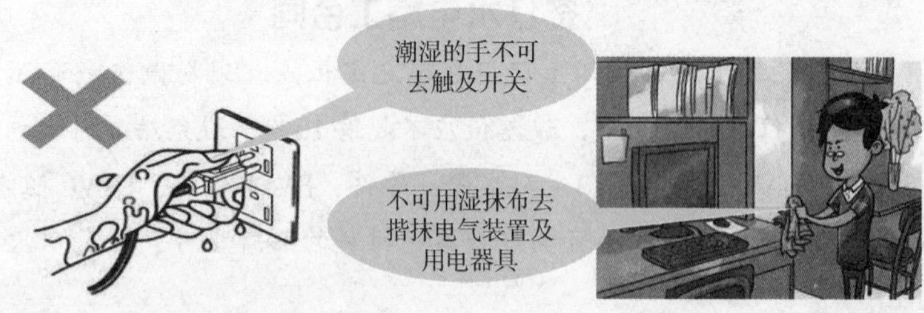

潮湿的手不可
去触及开关
不可用湿抹布去
揩抹电气装置及
用电器具

三、操作前一定要切断电源

移动电气设备或线路时，一定要在断电的前提下进行。

确定关断电源，不要带电更改电气设备或供电用电线路，必须先用试电笔检查是否有电，方可进行工作，凡是安装设备或修理设备完毕时，在送电前进行严格检查，方可送电。

对于复杂的操作通常要由两个人执行，其中一人负责操作，另一个人作为监护，如果发生突发情况以便及时处理。

特别注意：即使当前线路已经停电，也要将电源断开，以防突然来电，对人造成伤害。

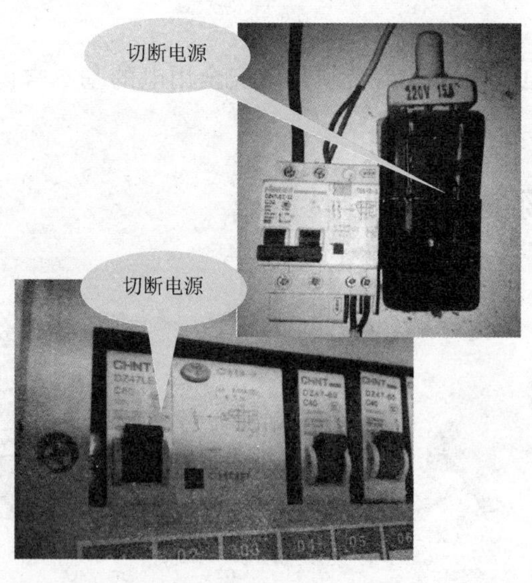

四、确保常用操作工具性能良好

家装电工操作人员所使用的工具是保护人身体的最后一道防线，如果出现问题，极易对人体造成伤害。电工操作时对设备、工具等的要求较高，一定要定期对设备、工具以及所佩戴的绝缘物品进行严格的检查，以保证它们性能的良好，且要定期更换。

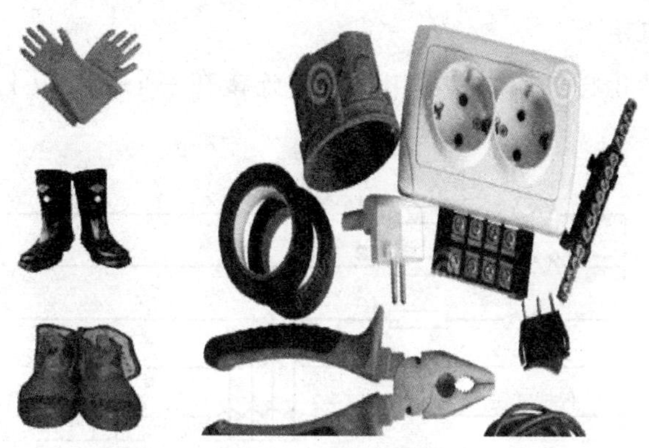

五、确保操作环境安全

在电工作业前，一定要对环境进行细致核查，尤其是对于环境异常的情况更要仔细。

检查线路安装环境有无漏电隐患。

检查安装线路有无漏电迹象。

杂物间检查操作环境有无必备的消防器材。

检查施工现场临时配电盘有无漏电、过压保护。

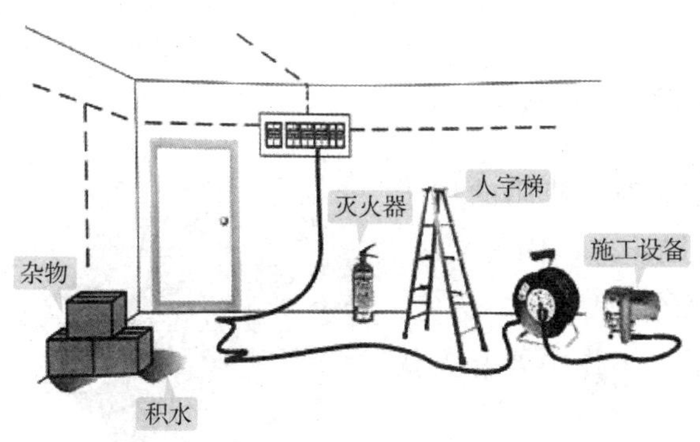

六、临时用电线路连接必须规范

家装电工必须具备专业的安全知识和操作技能。操作现场临时用电线路必须采用三相五线制供电，明确工作零线和保护零线分开使用，确保现场施工用电安全。

家装操作中，临时用电线路必须使用具有护套保护作用的导线或电缆线，不可使用劣质的导线。

施工现场禁止将多个大功率电气设备连接在一个接线板上，避免线路超负荷工作引发火灾。

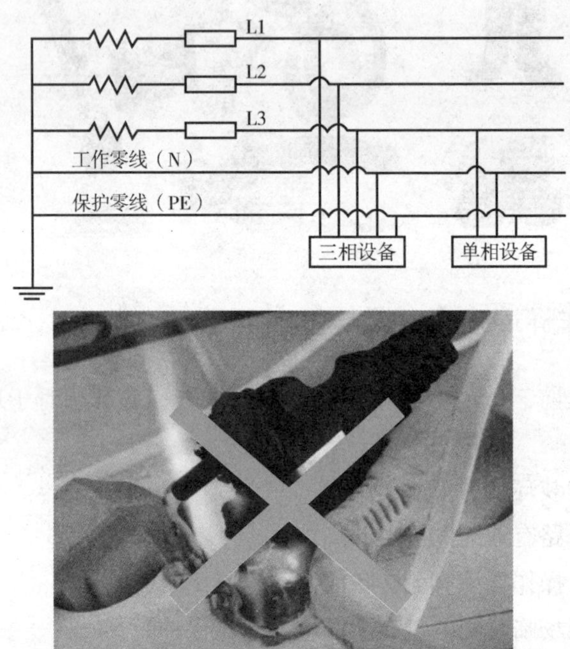

七、其他安全防护知识

使用梯子作业时，使用的梯子要有防滑措施，踏步应牢固无裂纹，梯子与地面之间的角度以 75° 为宜，没有搭勾的梯子在工作中要有人扶住梯子。

使用人字梯时，拉绳必须牢固。

八、其他安全防护知识

家装电工操作过程必须按照规

范以及处理原则进行正确施工。

家装操作过程中，要使用专门的电工工具，如电工刀、电工钳等，因为这些专门电工工具都采用了防触电保护设计的绝缘柄。

家装操作时要确保使用安全的电气设备和导线，切忌超负荷用电。

在进行家装操作线路连接时，正确接零、接地非常重要。严禁采取将接地线代替零线或将接地线与零线短路等方法。严禁将地线接在煤气管、水管或天然气管路上。

家装操作完毕，要对现场进行清理。保持电气设备和线路周围的环境干燥、清洁。

对安装好的电气设备或线路进行仔细核查，检查电气设备工作是否正常、线路是否过热等。

第三节　家装水电路施工常用术语

一、家装水路施工常用术语

名词	名词介绍	图片
开线槽	开线槽也称为打暗线。用切割机或其他工具在墙里打出一定深度的槽，将水管埋在里面，这样墙面外看不到线路，显得美观。一般要求线槽横平竖直，不走斜线	
暗管	埋在管槽里的水管，包括很多种类，如 PPR 管、镀锌钢管等	

（续）

名词	名词介绍	图片
PP-R 给水管	PP-R 学名无规共聚聚丙烯管。是目前水路改造中最常用的一种供水管道 优点： （1）卫生健康环保，可作为饮用水的输送管道 （2）可以采取热熔方式连接，管子一旦连接可为一体，百分百无渗漏，避免胶水粘接的有毒情况 （3）耐高温，耐压性能好 （4）价格便宜适中 （5）使用寿命长，按现行国家标准 GB/T 18742 生产和使用时可以使用 50 年	
外螺纹/内螺纹	内螺纹指的是螺纹在里面的配件，如内螺纹弯头、内螺纹三通等 外螺纹相对内螺纹则相反，是螺纹在外面的。如管帽、对丝等都为外螺纹	
球阀或阀门	阀门是水管的开关，控制整个管路的总开关 PP-R 的球阀一般是安装在主管道上，进水口和出水口水平 角阀一般安装在墙上出水口位置，进水口与出水口方向垂直	
橡塑保温管	包裹在管道外面的保护套。一般包裹在热水管上起保温节能作用；包裹在下水主管上，起静声作用	
堵头/闷头	两个名称表示的是一个配件，指的是水管安装好后，龙头没装的时候暂时堵住出水口的一个白色的小塑料块	
地漏	地漏口的金属件	

（续）

名词	名词介绍	图片
卡子	固定管道用的，水管和电管是同一个道理。另外，卡子有单个的，也有联排的，还有的是吊卡	

购买的管材、管件应是同一厂家生产，最后要记得索取服务保修卡。

一般来说，与管子直接相连的管件都是内螺纹的，而水龙头等接出水口的管件是外螺纹的。

内外螺纹有可能影响后期水电产品的安装，特别是购买进口产品时要注意，产品安装时可能内外螺纹的要求与国内的恰好相反，所以要注意准备买的花洒、净水器等是否接得上国内的螺纹，或者是否能买到相应的转换接头。

如果卧室离卫生间很近，还是建议包下水管，可以起到一定的隔声效果。

二、家装电路施工常用术语

名词	名词介绍	图片
强电	强电一般是指交流电电压在24V以上，如家庭中的电灯、插座等，电压在110～220V，属于强电 家用电器中的照明灯具、电热水器、取暖器、冰箱、电视机、空调、音响设备等用电器均为强电电气设备	
弱电	弱电是一种信号电，即信息的传送和控制，其特点是电压低、电流小、功率小、频率高，主要考虑的是信息传送的效果问题，如信息传送的保真度、速度、广度、可靠性 一般来说，弱电主要包括电话线、网线、有线电视线、音频线、视频线、音响线等	
暗线	埋在线槽里的强/弱电线，一般要包在电线管里，被称为暗线，电线管一般用4分的PVC管 “4分”是英制管道直径长度的叫法，即1/2in（1in＝25.4mm），等于公制的12.7mm	暗线

（续）

名词	名词介绍	图片
断路器	断路器是一种只要有短路现象开关形成回路就会跳闸的开关，因为利用了空气来熄灭开关过程中产生的电弧，所以又称为空气开关，简称空开	
配电箱	断路器外面套个箱子再镶在墙上就称为配电箱。配电箱分强电配电箱和弱电配电箱 配电箱里的断路器（就是可以同时将室内所有电关闭的开关）最大电流量一般要高于或等于电表的断路器（过去是电阻丝，现在也改成开关又称为断路器）的最大电流量	
暗盒	暗盒是指位于开关、插座、面板下面的盒子，线就在这个盒子里与面板连在一起，方便更换和维修 注意！有些名牌开关插座厂商的面板必须配专用的暗盒	
平方	平方是国家标准规定电线规格的标称值，电线的平方实际上标的是电线的横截面面积，即电线圆形横截面的面积，单位为 mm^2 电线平方数是装修水电施工中的一个口头用语，常说的几平方电线即几平方毫米电线	1平方 1.5平方 2.5平方 4平方 6平方

常见符号代表

A（代表电流单位）　U（代表电压）　I（代表电流强度）

R（代表电阻）　W（代表功）　P（代表功率）

t（代表时间）　k（数量单位：千）

m（词头：毫）　μ（词头：微）

1A = 1000mA　1mA = 1000μA　1kA = 1000A

欧姆定律：$U = IR$、功率 $P = UI$、功 $W = UIt$

第二章　家装水电常用基础工具

水电工所用的工具，基本的小工具有扳手、锤子、螺钉旋具、电笔、钳子、卷尺等；必要专用工具有剥线钳、PVC 电线管弯管器（弹簧）、切管器、PP-R 热熔器、多用冲击钻、水管打压机等；可选专用工具有穿线器、角磨机或云石机（切缝凿槽用）、开槽机（高效率一次性开槽）等。下面就介绍一些常用的基本工具。

第一节　钳子的使用

1. 钳子的特点

钳子是一种用于夹持、固定加工工件或者扭转、弯曲、剪断金属丝线的手工工具。钳子的外形呈 V 形，通常包括手柄、钳腮和钳嘴三个部分。

钳子的手柄依握持形式而设计成直柄、弯柄和弓柄三种式样。钳子使用时常与电线之类的带电导体接触，故其手柄上一般都套有以聚氯乙烯等绝缘材料制成的护管，以确保操作者的安全。

钳嘴的形式很多，常见的有尖嘴、平嘴、扁嘴、圆嘴、弯嘴等样式，可适应对不同形状工件的作业需要。

2. 钳子的种类

按性能分：夹扭型钳子、剪切型钳子、夹扭剪切型钳子等。

按形状分：尖嘴钳、斜嘴钳、针嘴钳、扁嘴钳、圆嘴钳、弯嘴钳、顶切钳、钢丝钳、花鳃钳等。

按主要功能分：钢丝钳、剥线钳、夹持式钳子、管子钳等。

按通常规格分：4.5in 迷你钳、5in 钳子、6in 钳子、7in 钳子、8in 钳子、9.5in 钳子等。

按用途分：DIY 钳、工业级用钳、专用钳等。

按结构形式分：穿鳃钳、叠鳃钳等。

下面就介绍几种常用的钳子。

一、剥线钳

剥线钳是内线电工，电动机修理、仪器仪表电工常用的工具之一，用来供电工剥除电线头部的表面绝缘层。剥线钳可以使得电线被切断的绝缘皮与电线分开，还可以防止触电。

根据导线直径，选用剥线钳刀片的孔径。使用过程如下：

1）根据缆线的粗细型号，选择相应的剥线刀口。

2）将准备好的电缆放在剥线工具的刀刃中间，选择好要剥线的长度。

3）握住剥线工具手柄，将电缆夹住，缓缓用力使电缆外表皮慢慢剥落。

4）松开工具手柄，取出电缆线，这时电缆金属整齐露出外面，其余绝缘塑料完好无损。

注意：剥线钳是用来剥离截面面积 $6mm^2$ 以下的塑料或橡胶电线绝缘层的。使用时，导线必须放在稍大于线芯直径的切口上切剥，以免剥到线芯。

二、尖嘴钳

1. 尖嘴钳的介绍

尖嘴钳又称为修口钳、尖头钳、尖咀钳。它是由尖头、刀口和钳柄组成，电工用尖嘴钳的材质一般由 45 号钢制作，类别为中碳钢，含碳量 0.45%，韧性硬度都合适。钳柄上套有额定电压 500V 的绝缘套管。它是一种常用的钳形工具，也是电工（尤其是内线电工）常用的工具之一。多功能的尖嘴钳兼具剪切、剥线、压线于一体。

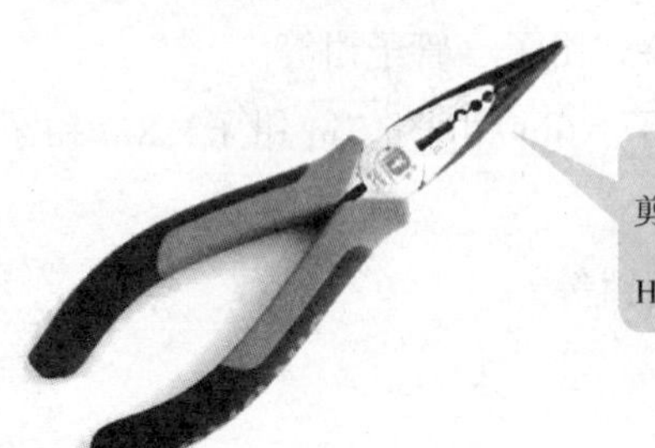

165mm尖嘴钳的材质为S60CHRC，硬度为HRC48±3，剪切能力1.2mm硬质钢线、2.0mm软质钢线、2.6mm铜线。
200mmVDE1000V尖嘴钳的材质为ASIS6150，硬度为HRC46±4，剪切能力2. 2mm硬质钢丝、3. 2mm铜线。

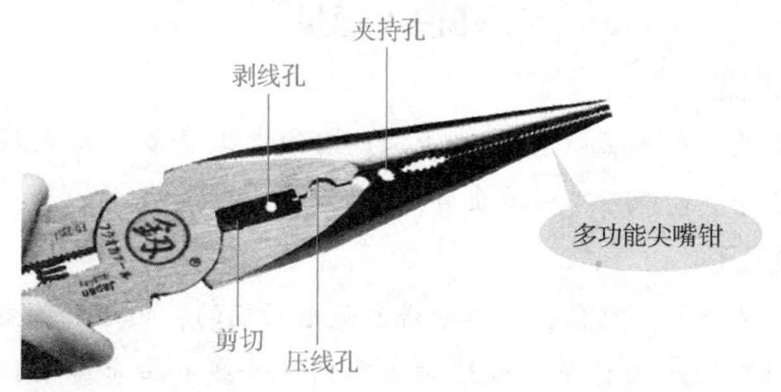

2. 尖嘴钳的操作

尖嘴钳有两种握法，分别是立握法与平握法。

尖嘴钳由于头部较尖，适用于狭小空间的操作使用，如开关、灯座内的线头固定等。尖嘴钳主要用来剪切线径较细的单股与多股线，以及给单股导线接头弯圈、剥塑料绝缘层等。不带刃口的尖嘴钳只能夹捏工作，带刃口的尖嘴钳能剪切细小零件。

尖嘴钳的使用方法：尖嘴钳是用右手操作，即将钳口朝内侧，便于控制钳切部位，用小指伸在两钳柄中间来抵住钳柄，张开钳头，这样分开钳柄灵活。

一般情况下，尖嘴钳的强度有限，所以不能够用它操作一般手的力量所达不到的工作。特别是型号较小的或者普通尖嘴钳，用它弯折强度大的棒料板材时都可能将钳口损坏。尖嘴钳在剪断电线的时候，钳柄只能用手握，不能用其他方法加力。

用尖嘴钳弯导线接头的操作方法是：先将线头向左折，然后紧靠螺杆依顺时针方向向右弯即成。

3. 尖嘴钳使用注意事项

1）工作前必须对工具进行检查，严禁使用腐蚀、变形、松动、有故障、破损等不合格工具，确保使用过程中的安全。

2）在停用后，要及时擦拭干净。

半年内不用者应涂油或用防腐法保存；停用一年以上的应涂油装入袋或箱内储存。对于使用过的尖嘴钳自然有的部位会有所磨损或损伤，尤其是带刃的钳头和绝缘的塑料部位。要保证这些部位不受损坏。如果需要保养，应该在非危险场地进行保养和修整。如果已经严重损坏，严禁再继续使用。

知识小课堂

1. 内线电工

通常指的是低压电器操作或维修工。内线电工负责室内电线的铺设、分配、日常维修等。高级电工还要负责变压器和配电室的工作。

2. 外线电工

外线电工是指户外电工，当然分得不是很明确的，由于外线电工是电力系统员工，所以他们的工作是经过培训上岗的。外线电工负责架线杆，架设电线，维修线路，故障抢修等。

三、钢丝钳

1. 钢丝钳的介绍

钢丝钳又称老虎钳、平口钳、综合钳、花腮钳、克丝钳，是一种夹钳和剪切工具。钢丝钳由钳头和钳柄组成，钳头包括钳口、齿口、刀口和铡口。用于掰弯及扭曲圆柱形金属零件及切断金属丝，其旁刃口也可用于切断细金属丝。

钢丝钳各部位的作用：

1）齿口可用来紧固或拧松螺母。

2）刀口可用来剖切软电线的橡胶或塑料绝缘层，也可用来剪切电线、钢丝。

3）铡口可以用来切断电线、钢丝等较硬的金属线。

4）钢丝钳的绝缘塑料管耐压 500V 以上，有了它可以带电剪切电线。

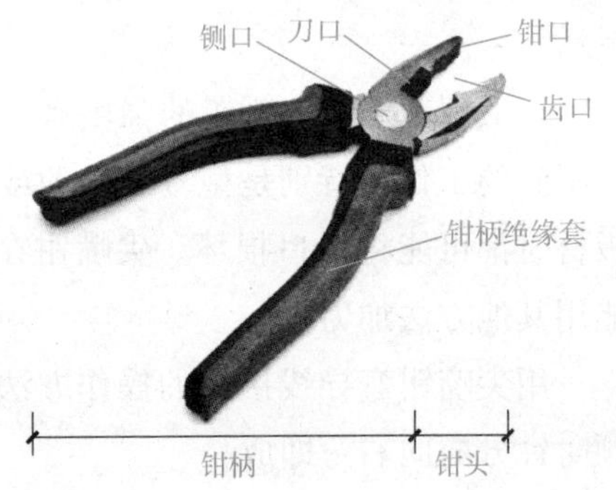

常用的钢丝钳以 6in、7in、8in 为主，1in 等于 25mm，按照中国人平均身高 1.7m 左右计算，7in（175mm）的用起来比较合适，8in 的力量比较大，但是略显笨重，6in 的比较小巧，剪切稍微粗点的钢丝就比较费力。5in 的就是迷你的钢丝钳了。

一般钢丝钳可以用铬钒钢、镍铬钢、高碳钢和球墨铸铁四种材料制作。铬钒钢和镍铬钢的硬度高，质量好，一般用这种材质制造的钢丝钳可列为高档次钢丝钳，高碳钢的相对就是档次低了点，球墨铸铁做的钢丝钳质量最差，价格最便宜。

电工应该选用带绝缘手柄的钢丝钳，其绝缘性能为500V。常用钢丝钳的规格有150mm、175mm和200mm三种，也就是上述所说的6in、7in、8in。

钢丝钳种类比较多，一般大致可以分为专业日式钢丝钳、VDE耐高压钢丝钳（VDE就是钳类的一级德国专业认证）、镍铁合金欧式钢丝钳、精抛美式钢丝钳、镍铁合金德式钢丝钳等。

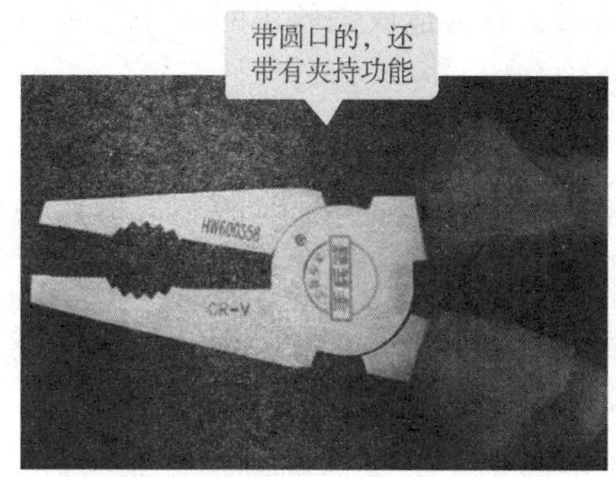
带圆口的，还
带有夹持功能

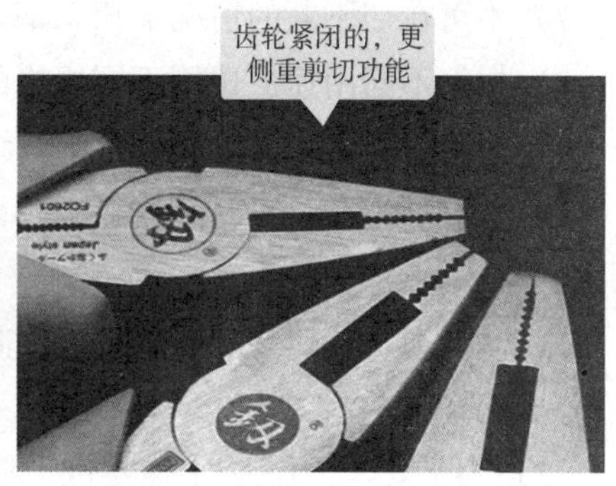
齿轮紧闭的，更
侧重剪切功能

2. 钢丝钳的操作

使用钢丝钳时应先查看绝缘手柄上是否标有耐压值，如未标有耐压值，证明此钢丝钳不可带电进行作业；若标有耐压值，则需要进一步查看耐压值是否符合工作环境，若工作环境超出钢丝钳钳柄绝缘套的耐压范围，则不能进行带电操作，否则极易引发触电事故。

钢丝钳的耐压值通常标注在绝缘套上，如钢丝钳耐压值为“1000V”，表明可以在“10”电压值内进行耐压工作。

钢丝钳的正确使用方法如下。

齿口：紧固螺母

钳口：弯绞导线

刀口：剪切导线

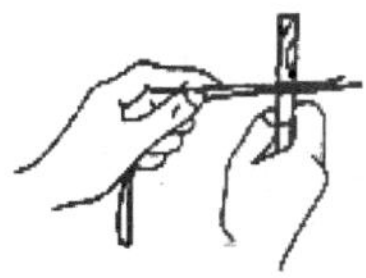
铡口：铡切钢丝

3. 钢丝钳使用注意事项

1）在使用电工钢丝钳之前，必须检查绝缘柄的绝缘是否完好，绝缘如果损坏，进行带电作业时非常危险，可能发生触电事故。

2）钢丝钳分绝缘和不绝缘的，在带电操作时应该注意区分，以免被强电伤到。

3）在使用钢丝钳过程中切勿将绝缘手柄碰伤、损伤或烧伤，并且要注意防潮。

4）用电工钢丝钳剪切带电导线时，切勿用刀口同时剪切火线和零线，以免发生短路故障。

5）带电工作时，注意手与钢丝钳的金属部分保持安全距离。

6）使用钢丝钳要量力而行，不可以超负荷使用。

7）不可在切不断的情况下扭动钢丝钳，容易造成钢丝钳的崩牙与损坏。

8）根据不同用途，选用不同规格的钢丝钳。

9）为防止生锈，钳轴要经常加油。

10）钢丝钳有三个刃刀口，可以用来剪断铜丝，但是一般不能够用来剪断钢丝。

11）钢丝钳钳柄只能用手握，不能够用其他方法加力，比如锤子打等都是不允许的。

12）为了安全，作业时需要带上防护眼镜，以免剪断物飞起造成伤害。同时，要注意自己周边是否有人，确保剪短物飞出时不会伤到他人。

无论钢丝还是铜线，只要钢丝钳能留下咬痕，然后用钢丝钳前口的齿夹紧钢丝，轻轻的上抬或者下压钢丝，就可以掰断钢丝，不但省力，而且对钢丝钳没有损坏，可以有效地延长使用寿命。

四、斜口钳

1. 斜口钳的介绍

斜口钳的功能很单一，仅作为剪电线、剪钢丝用。不过由于切线口角度设计很合适，所以剪起钢线来比其他的钳子方便得多，还常用斜口钳的刀口来剖切软电线的橡胶或塑料绝缘层，尼龙扎线卡。钳子的齿口也可用来紧固或拧松螺母。斜口钳是小五金工具的其中一种，也被称作“斜嘴钳”，它的作用也最为广泛，是日常生活和工作中不可缺少的工具。

斜口钳一般可分为专业电子斜嘴钳、德式省力斜嘴钳、不锈钢电子斜嘴钳、VDE耐高压大头斜嘴钳、镍铁合金欧式斜嘴钳、精抛美式斜嘴钳、省力斜嘴钳等。

电工常用的有150mm、175mm、200mm及250mm等多种规格。可根据内线或外线工种需要选购。

2. 斜口钳的操作

剪 8 号镀锌钢丝时，应用刀刃绕表面来回割几下，然后只须轻轻一扳，钢丝即断。

斜口钳以切断导线为主，市场上的斜嘴钳的尺寸一般分为：4in、5in、6in、7in、8in，大于 8in 的比较少见。建议斜口钳在尺寸选择上以 5in、6in、7in 为主，普通电工布线时选择 6in、7in，切断能力比较强，剪切不费力。线路板安装维修以 5in、6in 为主，使用起来方便灵活，长时间使用不易疲劳。4in 的属于迷你的斜口钳，只适合做一些小的工作。

在剪切时，将钳口朝内侧，便于控制钳切部位，用小指伸在两钳柄中间来抵住钳柄，张开钳头，这样分开钳柄灵活。

3. 斜口钳使用注意事项

1）使用斜口钳要量力而行，不可以用来剪切钢丝绳、过粗的铜导线和钢丝，否则容易导致斜口钳崩牙和损坏。

2）使用斜口钳时用右手操作。

3）禁止普通斜口钳带电作业。

4）剪切紧绷的钢丝或金属，必须做好防护措施，防止被剪断的钢丝弹伤。

5）不能将斜口钳作为敲击工具使用。

五、管子钳

1. 管子钳的介绍

管子钳是一种用来夹持和旋转陶瓷管件、薄壁管件、塑料管件等，并不产生咬痕，不损伤管件表面的工件。它由手柄（力臂）、活动钳口、固定钳口、固定钳口架、开口调节轮、固定销组成，其工作方式类似活动扳手，广泛用于石油管道和民用管道安装。

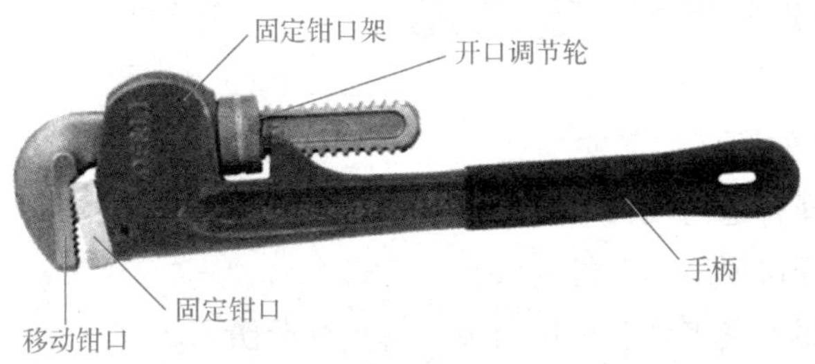

管子钳示意图

管子钳是以长度进行划分的，分别应用于不同规格的管路和配件中。管子钳要根据管道的宽度进行管子钳钳口的调整，见下表（单位：mm）。

管道规格	钳口宽度	适用直径	管道规格	钳口宽度	适用直径
20	2.5	0.3～1.5	45	6	3.2～5
25	3	0.8～2	60	7.5	4～8
30	4	1.5～2.5	90	8.5	6.5～10
35	4.5	2～3.2	105	7.5	8～12.5

管子钳按其承载能力分为重级、普通级两个等级；按重量分为加重型、重型、轻型；按款式分为英式、美式、德式、西班牙式、偏斜式、链条、鹰嘴双柄管子钳等；按柄部材质分为铝合金管子钳、铸钢管子钳、玛钢管子钳、球铁管子钳等。

2. 管子钳的操作

活动钳口与固定钳口架和管钳柄相连，钳口两侧有齿牙以便咬住管路，使之转动，转动管子钳上的开口调节环可调节管子钳钳口的张开大小。

使用时首先根据管口或螺母的大小，调整管子钳的钳口至合适的大小。

装卸管件时，一手扶住活动管子钳头，一手抓住管柄将管子钳的钳牙咬在管子上，待咬紧后，扶管子钳的手四指伸开，用手掌下压。

当钳柄压到一定角度后，抬起管柄，扶钳头的手及时松开，重复旋转；操作时，左手扶活动管子钳头，防止打滑。

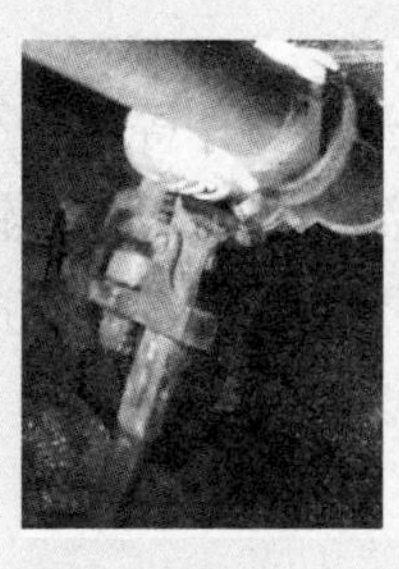

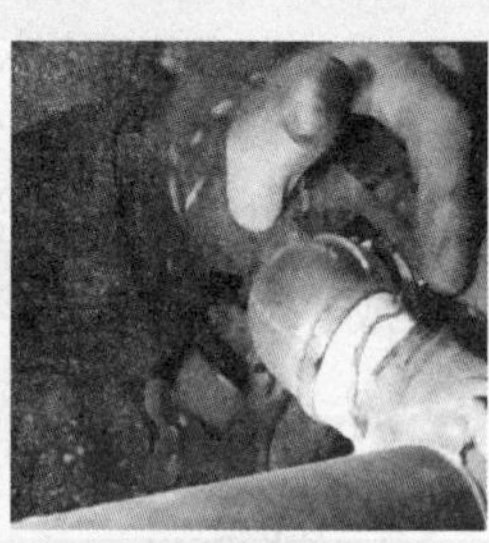

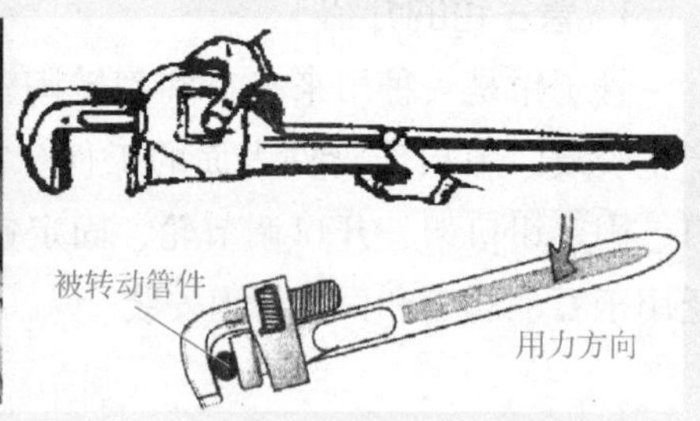

3. 管子钳使用注意事项

1）要选择合适的规格。

2）钳头开口要等于工件的直径。

3）钳头要卡紧工件后再用力扳，防止打滑伤人。

4）用加力杆时，长度要适当。

5）管子钳牙和调节环要保持清洁。

6）一般管子钳不能作为锤头使用。

7）不能夹持温度超过 300℃的工件。

8）搬动手柄时，注意承载扭矩，不能用力过猛，防止过载损坏。

第二节　扳手的使用

一、扳手的介绍

1. 呆扳手

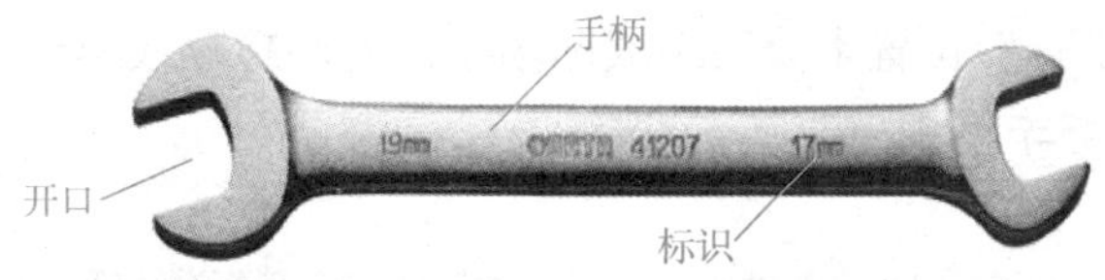

一端或两端制有固定尺寸的开口，用以拧转一定尺寸的螺母或螺栓。

2. 梅花扳手

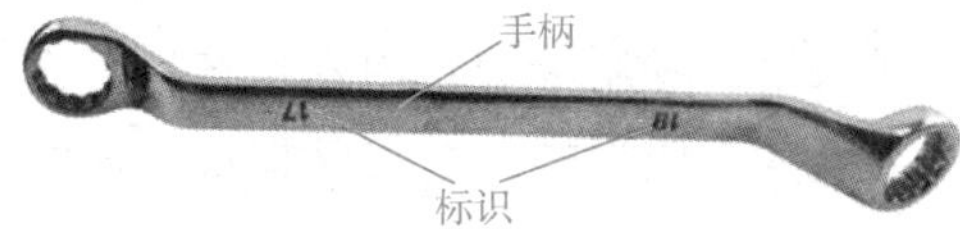

两端具有带六角孔或十二角孔的工作端，适用于工作空间狭小，不能使用普通扳手的场合。

3. 两用扳手

一端与单头呆扳手相同，另一端与梅花扳手相同，两端拧转相同规格的螺栓或螺母。

4. 活口扳手

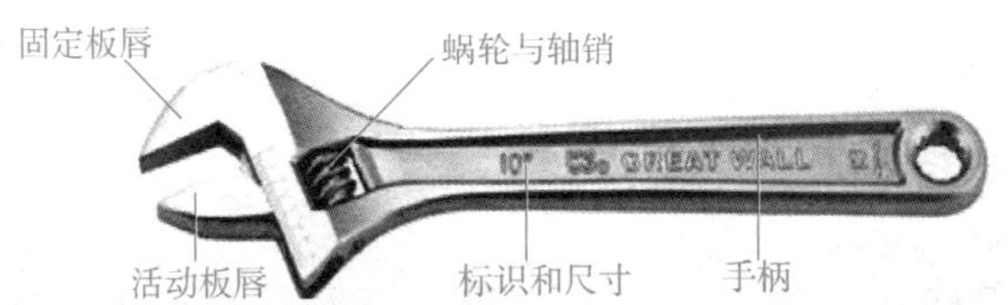

开口宽度可在一定尺寸范围内进行调节，能拧转不同规格的螺栓或螺母。

5. 钩形扳手

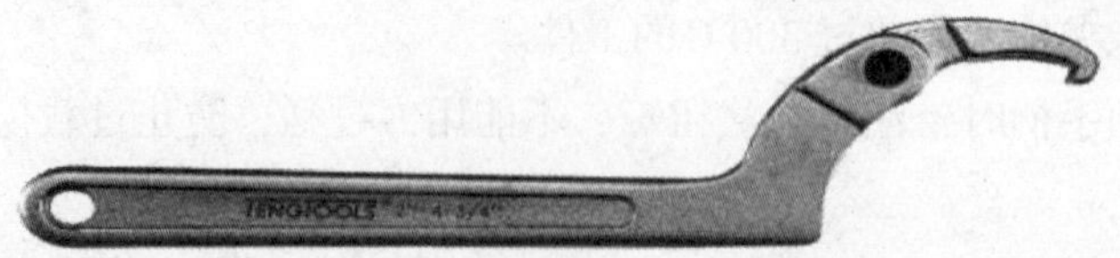

又称月牙形扳手，用于拧转厚度受限制的扁螺母等。

6. 套筒扳手

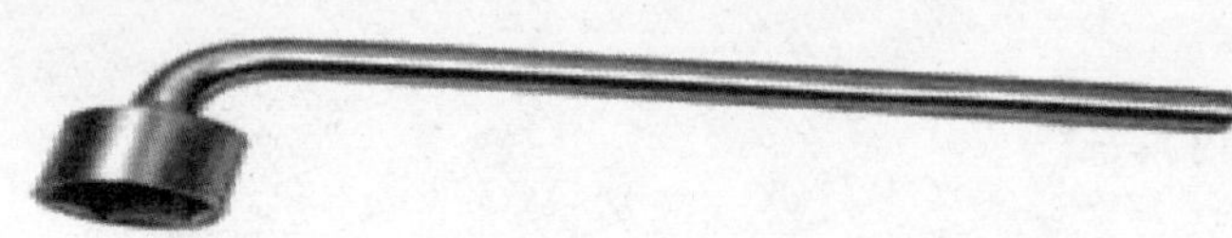

它是由多个带六角孔或十二角孔的套筒并配有手柄、接杆等多种附件组成，特别适用于拧转位置十分狭小或凹陷很深处的螺栓或螺母。

7. 内六角扳手

成 L 形的六角棒状扳手，专用于拧转内六角螺钉。内六角扳手的型号是按照六方的对边尺寸来说的，依据螺栓的尺寸标准。通常都是专供紧固或拆卸机床、车辆、机械设备上的圆螺母用。

8. 扭力扳手

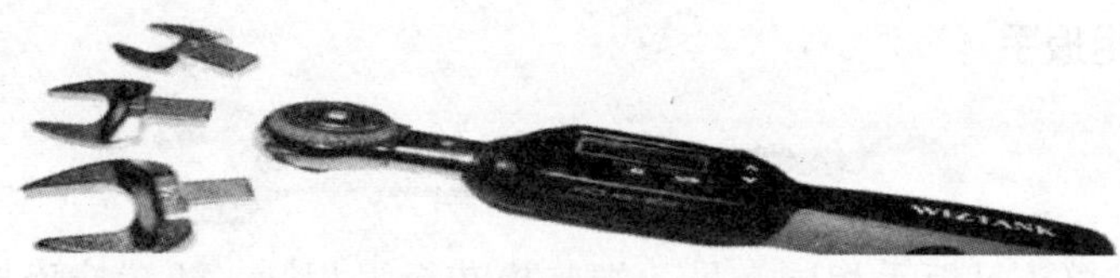

它在拧转螺栓或螺母时，能显示出所施加的扭矩；或者当施加的扭矩到达规定值后，会发出光或声响信号。扭力扳手适用于对扭矩大小有明确地规定的安装、拆卸。

二、扳手的选择

钩形扳手规格选用的方法：首先量一下圆螺母的外直径，例如直径是 70mm 的，则可以选用的月牙扳手规格是 68 ~ 72mm 或 78 ~ 85mm。如果选择稍大一个规格（78～85mm）的扳手，能圈住的弧度更大，方便旋开螺母。注意，使用月牙扳手旋紧或拧开螺母时，不得用榔头敲击扳手尾部，以免导致扳手头部内钩部分断裂。

全套内六角扳手规格的选用，需要与螺纹规格对应好，具体见下表（单位：mm）。

扳手规格	S3	S4	S5	S6	S8	S10	S12	
螺纹规格	M4	M5	M6	M8	M10	M12	M14	M16
扳手规格	S14		S17		S19		S24	S27
螺纹规格	M18	M20	M22	M24	M27	M30	M36	M42

常开开口扳手规格与螺纹规格对应见下表（单位：mm）。

扳手尺寸	7	8	10	14	17	19	22	24
螺纹规格	M4	M5	M6	M8	M10	M12	M14	M16
扳手尺寸	27	30	32	36	41	46	55	65
螺纹规格	M18	M20	M22	M24	M27	M30	M36	M42

公制外六角螺栓与套筒扳手对边尺寸对应见下表（单位：mm）。

螺栓尺寸	对应扳手或套筒尺寸	螺栓尺寸	对应扳手或套筒尺寸
M3	5.5	M20	30
M4	7	M22	34
M5	8	M24	36
M6	10	M27	41
M8	13	M30	46
M10	16	M32	50
M12	18	M36	55
M14	21	M39	60
M16	24	M42	65
M18	27		

三、活口扳手

1. 活口扳手的介绍

活口扳手又称为活扳手、活络扳手，其开口宽度可在一定范围内调节。

规格以长度×最大开口宽度（单位：mm）表示，普通活口扳手规格如下：

6（150mm × 19mm）、8（200mm × 24mm）、10（250mm × 300mm）、12（300mm ×36mm）、15（375mm ×46mm）、18（450mm ×55mm）、24（6000mm ×62mm）。

电工常用的有：150mm ×19mm（6in）、200mm ×24mm（8in）、250mm ×30mm（10in）和300mm ×36mm（12in）等四种规格。

2. 活口扳手的使用

活口扳手的扳口夹持螺母时，固定扳唇在上，活动扳唇在下。活口扳手切不可反过来使用。

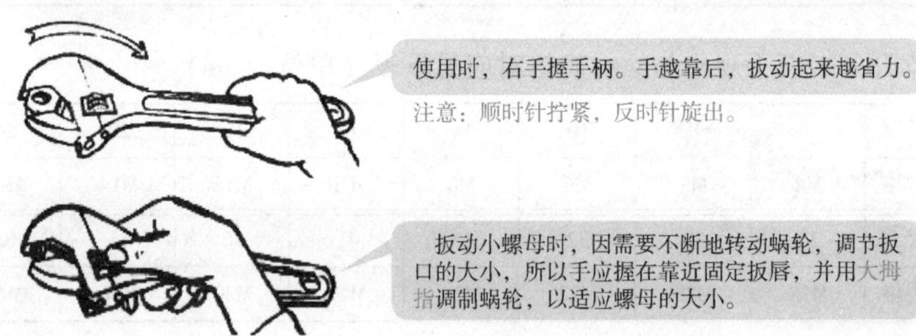

使用时，右手握手柄。手越靠后，扳动起来越省力。
注意：顺时针拧紧，反时针旋出。
扳动小螺母时，因需要不断地转动蜗轮，调节扳口的大小，所以手应握在靠近固定扳唇，并用大拇指调制蜗轮，以适应螺母的大小。

在扳动生锈的螺母时，可在螺母上滴几滴煤油或机油，这样就好拧动了。在拧不动时，切不可采用钢管套在活口扳手的手柄上来增加扭力，因为这样极易损伤活口扳唇。不得把活口扳手当锤子用。

四、扳手的注意事项

1）使用扳手时，扳口尺寸需要与螺母尺寸相符，不得在扳手的开口中加垫片，应将扳手靠紧螺母或螺钉。

2）扳手不得加套管以接长手柄，不得用扳手拧扳手，不得将扳手当手锤使用。

3）扳手在每次扳动前，需要将活动钳口收紧，先用力扳一下，试其紧固程度，然后将身体靠在一个固定的支撑物上或双脚分开站稳，再用力扳动扳手。

4）使用套筒扳手，扳手套上螺母或螺钉后，不得有晃动，并且需要把扳手放到底。

5）如果螺母或螺钉上有毛刺，需要进行处理，不得用手锤等物体将扳手打入等异常操作行为。

6）高处作业时，需要使用死扳手。如果用活扳手必须用绳子拴牢，操作人员要站在安全可靠位置，并系好安全带。

◀第三节　锤子的使用▶

一、锤子的介绍

锤子是主要的击打工具，由锤头和锤柄组成，最常用来敲钉子，矫正或是将物件撬开。锤子有着各式各样的形式，常见的形式是一柄把手以及顶部。锤子按照功能分为除锈锤、圆头锤、机械锤、羊角锤、检验锤、扁尾检验锤、八角锤、德式八角锤、起钉锤等。下面就介绍水电工常用的两种锤子。

1. 羊角锤

羊角锤是一锤多用最常见的锤子，一般羊角锤一头是圆的，一头扁平向下弯曲并且开 V 口。主要作用是拔钉子和轻微损坏，锤头的窄小而扁平的一面将全部力量集中于一小片区域，最适合钉钉子。另一面是一个分开的爪子，看起来像羊角，也因此得名羊角锤。爪子的形状一般有两种，一种是钩状的适合拔钉子，还有一种是更直锯状的可以将木板撬（或者锯）开。

锤子的分类如果按柄分有木柄、钢管柄、纤维柄、包塑柄等；按锤头分有美式、英式、意式。

羊角锤既可敲击、锤打，又可以起拔钉子，但对较大的工件锤打就不应使用羊角锤。钉钉子时，锤头应平击钉帽，使钉子垂直进入木料，起拔钉子时，宜在羊角处垫上木块，增强起拔力。不应把羊角锤当撬具使用，应注意锤击面的平整完好，以防钉子飞出或锤子滑脱伤人。

2. 八角锤

防爆八角锤柄为木柄或纤维柄。方形锤面打击较平坦部位，常留下圆形成半圆形。六角、八角锤面打击较平坦部位可形成反映锤面完整形态的伤痕。

二、锤子的使用方法

锤头有圆有方，重量有大有小，2000g 以上的右手在前，左手在后，两手紧握锤柄。以大锤的锤柄和右（左）臂加起来的长度为半径，以自己的身体为中心，平举右（左）手臂向前、后、左、右各转一圈，当没有受到任何东西的阻碍时，说明使用大锤的区域是安全的。使用较大锤子时（例如中锤），一定要握紧，先对准需要打击的零件轻轻打击两下，然后再用力。

1）多层建筑大多是砖混结构，屋内每道墙基本是承重墙，装饰时不可以敲墙。
2）框架剪刀墙结构的高层住宅的屋内大部分的墙是后来砌上的，一般可以敲墙。其隔断墙与剪刀墙的鉴别如下：先用锤子敲几下，如果能砸动，并且出现红砖（或空心砖），说明是隔断墙，可以敲墙。因为剪刀墙一般是混凝土现浇，砸起来费劲，而隔断墙容易砸一些。

使用手锤时，要注意锤头与锤柄的连接必须牢固，稍有松动就应立即加楔紧固或重新更换锤柄，锤子的手柄长短必须适度，经验提供比较合适的长度是手握锤头，前臂的长度与手锤的长度相等；在需要较小的击打力时可采用手挥法，在需要较强的击打力时，宜采用臂挥法；采用臂挥法时应注意锤头的运动弧线，手锤柄部不应被油脂污染。

三、锤子使用注意事项

1）不能用锤子侧面做敲击面，这样会缩短使用寿命。

2）不能用两锤互相敲，以防碎片崩裂伤人。

3）敲击时，锤体松动不得再使用，以免脱落伤人。

4）使用手锤、大锤时严禁戴手套，手与锤柄均不得有油污。

5）甩锤方向附近不得有人停留。

6）锤柄一般需要采用胡桃木、檀木或蜡木等，不得有虫蛀、节疤、裂纹等异常现象。

7）锤的端头内要用楔铁楔牢，并且使用中需要经常检查，一旦发现木柄有裂纹，则需要及时更换。

第四节　试电笔的使用

一、试电笔的介绍

试电笔也称为测电笔，简称“电笔”，是一种电工工具，用来测试电线中是否带电。笔体中有一氖泡，测试时如果氖泡发光，说明导线有电或为通路的火线。试电笔由金属体刀体探头、电阻（电阻率很大）、氖管（通过氖管的发光来判断试电笔是否有电）、弹簧（用来导电）、金属体金属钉（与人体接触，产出回路）等部件组成。

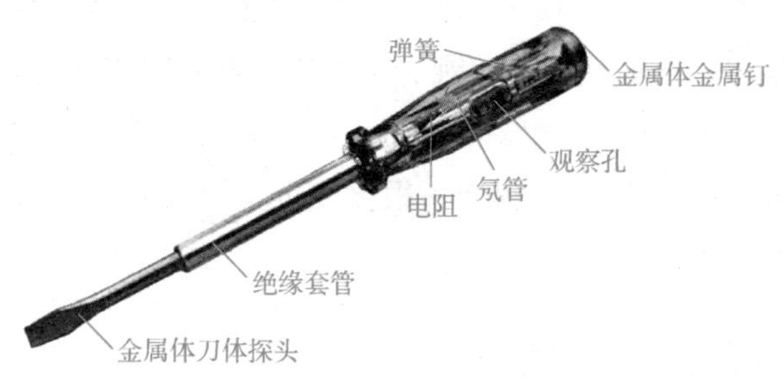

试电笔中笔尖、笔尾为金属材料制成，笔杆为绝缘材料制成。使用试电笔时，一定要用手触及试电笔尾端的金属部分，否则，因带电体、试电笔、人体与大地没有形成回路，试电笔中的氖泡不会发光，造成误判，认为带电体不带电。

试电笔按照测量电压的高低分：

（1）高压试电笔：用于10kV及以上项目作业时使用，为电工的日常检测用具。

（2）低压试电笔：用于线电压500V及以下项目的带电体检测。

（3）弱电试电笔：用于电子产品的测试，一般测试电压为6～24V。为了便于使用，试电笔尾部常带有一根带夹子的引出导线。

二、试电笔的操作

使用时，必须手指触及笔尾的金属部分，并使氖管小窗背光且朝自己。

当用试电笔测试带电体时，电流经带电体、电笔、人体及大地形成通电回路，只要带电体与大地之间的电位差超过 60V 时，试电笔中的氖管就会发光。

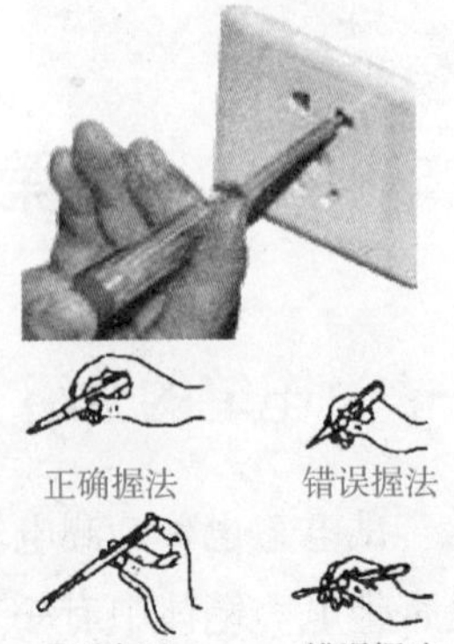

(1) 判定交流电和直流电口诀　试电笔判定交直流，交流明亮直流暗，交流氖管通身亮，直流氖管亮一端。

(2) 判定直流电正负极口诀　电笔判定正负极，观察氖管要心细，前端明亮是负极，后端明亮为正极。

(3) 判定直流电源有无接地和正负极接地的区别口诀　变电所直流系数，试电笔触及不发亮；若亮靠近笔尖端，正极有接地故障；若亮靠近手指端，接地故障在负极。

(4) 判定同相和异相口诀　判定两线相同异，两手各持一支笔，两脚和地相绝缘，两笔各触一要线，用眼观看一支笔，不亮同相亮为异。

(5) 判定 380V/220V 三相三线制供电线路相线接地故障口诀　星形接法三相线，试电笔触及两根亮，剩余一根亮度弱，该相导线已接地；若是几乎不见亮，金属接地有故障。

三、试电笔使用注意事项

1）使用试电笔之前，首先要检查试电笔里有无安全电阻，再直观检查试电笔是否有损坏，有无受潮或进水，检查合格后才能使用。

2）使用试电笔时，不能用手触及试电笔前端的金属探头，这样做会造成人身触电事故。

3）使用试电笔时，一定要用手触及试电笔尾端的金属部分，否则，因带电体、试电笔、人体和大地没有形成回路，试电笔中的氖泡不会发光，造成误判，认为带电体不带电，这是十分危险的。

4）在测量电气设备是否带电之前，先要找一个已知电源测测试电笔的氖泡能否正常发光，能正常发光，才能使用。

5）在明亮的光线下测试带电体时，应特别注意氖泡是否真的发光（或不发光），必要时可用另一只手遮挡光线仔细判别。千万不要造成误判，将氖泡发光判断为不发光，而将有电判断为无电。

◀第五节　PVC 剪刀与 PVC 电线管微弯器的使用▶

一、PVC 剪刀

PVC 剪刀应用操作步骤如下。

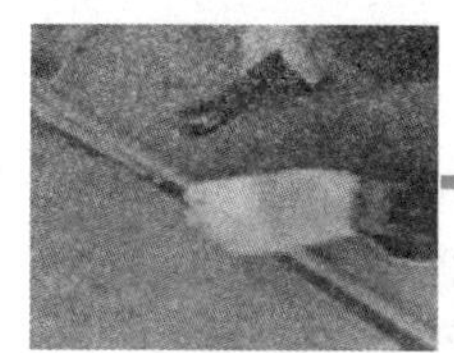
打开固定锁扣

沿箭头方向用力按下刀头锁扣，以打开刀头

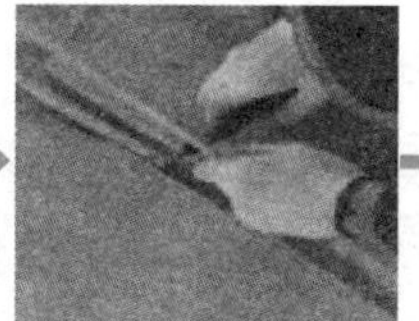
放入管子

沿箭头方向逐步握紧手柄，切割管子

有一种 PVC 剪刀是由钳身、钳牙、中轴、销轴、手柄组成，其特征是：钳牙呈鸭嘴形，在钳牙下端中间有个轴，在中轴上有一弹簧。手柄与钳身通过销轴固定连接在一起，中轴通过销轴固定连接在钳身及手柄上。

二、PVC 电线管微弯器

PVC电线管微弯器又称为弯管弹簧，其有多种规格，需要根据电线管规格来选择。

1. PVC 电线管微弯器的特点与有关要求

1）PVC 电线管微弯器分为205 号 PVC 电线管微弯器、305 号 PVC 电线管微弯器。其中，205 号 PVC 电线管微弯器适合轻型线管。305 号 PVC 电线管微弯器适合中型线管。

2）4 分电线管外径为 16mm，壁厚 1mm 的，需要选用 205 号 PVC 电线管微弯器，弹簧外径 13mm。

3）4 分电线管外径为 16mm，壁厚 1.5mm 的，需要选用 305 号 PVC 电线管微弯器，弹簧外径 12mm。

4）4 分 PVC 电线管弯管器可以选择直径为 13.5mm、长度为 38cm。

5）6 分电线管外径为 20mm，壁厚 1mm 的，需要选用 205 号 PVC 电线管微弯器，弹簧外径 17mm。

6）6 分电线管外径为 20mm，壁厚 1.5mm 的，需要选用 305 号 PVC 电线管微弯器，弹簧外径 16mm。

7）6 分管 PVC 电线管微弯器可以选择直径为 16.5mm、长度为 41cm。

8）32mm 的 PVC 电线管微弯器可以选择直径为 28mm、长度为 43mm。

9）4 分弹簧（直径 16mm）一般比 6 分弹簧（直径 20mm）。

10）另外，还有加长型的 PVC 电线管微弯器。

11）PVC 电线管有厚有薄，厚的电线管也称为中型线管，需要选择直径比较细的弹簧。薄的电线管也称为轻型线管，需要选择直径比较粗的弹簧。

2. PVC 电线管微弯器的使用

PVC 电线管微弯器有粗有细，多粗的管用多大的 PVC 电线管微弯器，细了会把管弯瘪，粗了插不进去。如果弯管的位置离管端比较远，可以在弯管器上拴一根单股电线（既有硬度也有韧性），方便 PVC 电线管微弯器送到位置和弯制后的取出。

弯管器操作步骤如下。

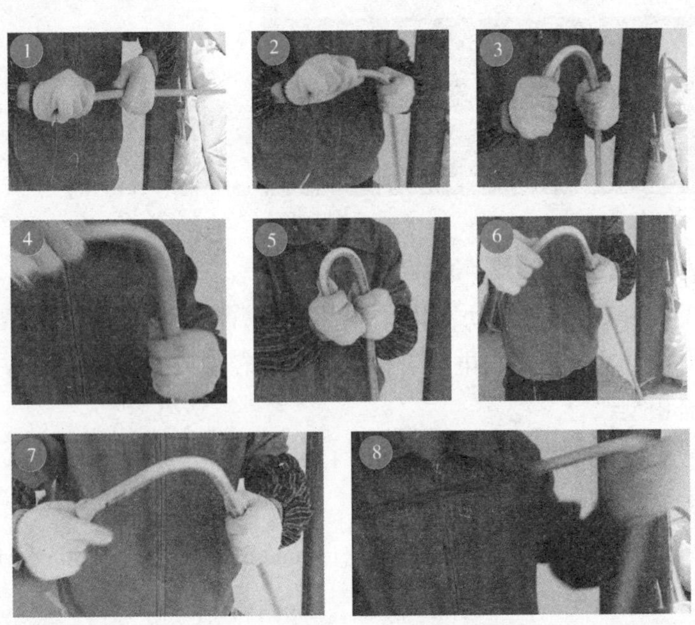

注意：在使用 PVC 电线管微弯器时，不要一下子弯到底，要稍微弯一下，再放开，之后再继续弯，要给管子一个缓冲。

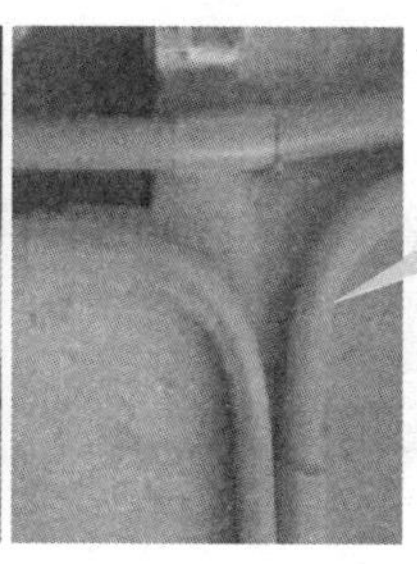

弯管时能够保证一定的角度，弯折处平滑，转角处没有明显折痕，抽线应自然顺畅。

第六节　电锤的使用

一、电锤的介绍

电锤是一种应用广泛的电动工具。电锤是附有气动锤击机构的一种带安全离合器的电动式旋转锤钻。它主要用来在混凝土、楼板、砖墙和石材上钻孔，还有多功能电锤，调节到适当位置配上适当钻头可以代替普通电钻、电镐使用。

图 1 为电锤的实物图片，在每个电锤上都有标识铭牌，上面标记了电锤的功率及可以使用多大的电压等，工人可以根据这些信息选择适合自己的电锤。下面列举一个示例来为大家说明。

从图 2 中可以看出，这个电锤使用 220V、50Hz 的交流电，也就是一般家庭用电。电锤功率是 600W，最大转速是 900r/min，最大开孔直径 20mm。

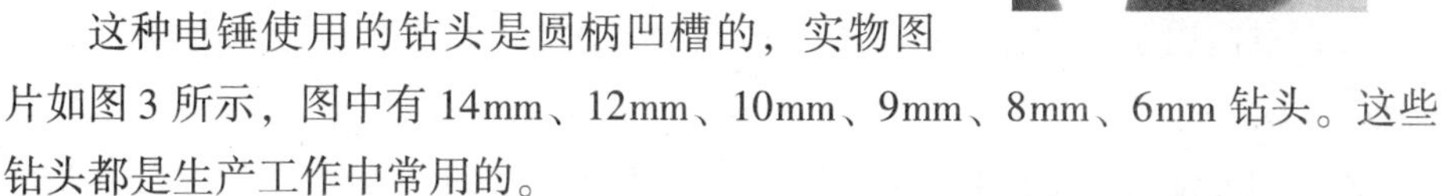

这种电锤使用的钻头是圆柄凹槽的，实物图片如图 3 所示，图中有 14mm、12mm、10mm、9mm、8mm、6mm 钻头。这些钻头都是生产工作中常用的。

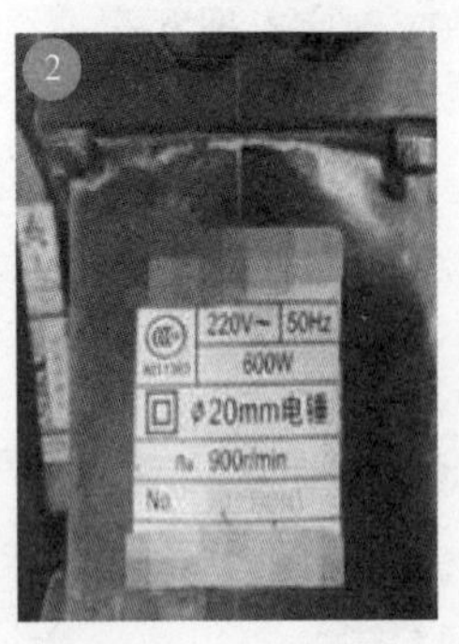

二、电锤在瓷砖上打孔

瓷砖上打孔是一门技术活，因为使用电锤在瓷砖上打孔很容易造成瓷砖破裂，所以在瓷砖上打孔时不仅需要选择一把合适的电锤，还要选择一个合适的钻头。

1）首先要把电锤调整到冲击挡，并且装好适合的钻头，接通电源后，按下电锤开关试一下，看是否在冲击挡。

2）正确无误后，确定打孔部位，做好标记，并且把钻头对准打孔标记，然后轻按开关让电锤低速旋转（此时绝对不要用力按开关）。

3）等瓷砖墙面有凹洞时，再稍用力按下开关让转速稍微快一点，并且要用力往前推，把力量集中在钻头上。直到瓷砖已经被打穿，才可以把开关用力按到底，让电锤高速转起来直到打至所需要的深度。

新手用电锤在瓷砖上打孔时，往往速度控制不好，会出现打裂瓷砖的现象，因此，可先用陶瓷钻头，调到电钻挡打穿瓷砖表面，再换用冲击钻头，调到冲击挡钻进混凝土。瓷砖的边角部位比较脆，电锤打孔时更容易裂，因此，尽量不要靠近瓷砖的边角打孔，如果必须要在瓷砖的边角打孔，则可以选用玻璃钻头对瓷砖边角进行钻孔。

三、电锤使用注意事项

1）电锤属于间歇作业的工具，应断续工作，不能长时间连续作业，以免损坏工具。

2）用电锤头撬动砖块等坚硬物品，容易损坏工具。

3）在北方的冬季，天气寒冷，户外使用前要空转几分钟，否则电锤可能有不冲击的现象。

4）电锤钝了的钻头需要刃磨。使用电锤需要采用吸尘或防尘装置。

5）钻孔完成时，不应立刻放开电源开关，而应在钻头保持旋转的情况下将其由孔中拉出后再放开电源开关，否则钻头可能卡在孔中无法拔出。万一钻头被卡在孔中，严禁重新按下电源开关使电锤启动，否则可能造成严重的伤害（工具转动打伤），此时必须先使钻头与电锤脱开，然后再用其他方法取出钻头。

6）电动工具正在作业时，严禁旋转功能手柄，进行锤钻功能的转换。

7）电锤在安装钻头时，应将钻柄擦干净，并涂少量的润滑油，将弹簧套向后压，将钻柄插入，并转动钻柄，使钻头的圆柱部分进入前盖橡胶内圈，方才到位。如果钻头不到位，会引起不冲击而无法钻孔。

8）电锤在钻有钢筋的混凝土墙时，需要选择带安全离合器的电锤产品，否则容易卡钻，使工作人员无法控制电锤，造成人身伤害。

9）电锤开关损坏，需要及时维修。

10）电锤的电刷是易损件，当磨损到一定程度或接近磨损极限时，会使电动机出故障，需要及时更换。

11）使用弯曲的钻头，会使电动机过负荷而工况失常，以及降低作业效率。因此，如果发现此情况，需要立刻处理更换钻头。

12）电锤作业产生冲击，易使电锤机身安装螺钉松动。因此，需要经常检查螺钉紧固情况，如果发现螺钉松了，需要立即重新扭紧。

13）保护接地线是保护人身安全的重要措施。因此Ⅰ类器具（金属外壳）需要经常检查其外壳应有良好的接地。

14）防尘罩旨在防护尘污浸入内部机构，如果防尘罩内部磨坏，需要立即更换。

四、电锤的选择

1. 根据操作环境

用于爬高与向上凿孔作业时，尽量选择小规格的电锤。

用于地面、侧面凿孔作业时，尽量选择大规格的电锤。

2. 经验选择电锤

选择电锤时，首先需要确定经常钻孔的直径 D 大小，除以 0.618 得到的数值就作为最大钻孔直径来选择电锤。

例如，常见的钻孔直径为 14mm 左右（也就是钻孔的直径 D 大小），再用 14 除以 0.618 等于 22.6，那么，选择 22mm 的电锤即可。

3. 选择两用电锤

如果购买电锤只是为了对混凝土钻孔，不需要其他的任何功能，则可以选择单用电锤。如果考虑以后可能会需要使用电钻功能，则应选择电锤、电钻两用电锤。如果考虑以后可能会需要使用电镐功能，则需要选择电锤、电镐两用电锤。

4. 根据功率来选

如果是家用，一般选购 200W 的电锤即可。

5. 根据钻头来选

1）电锤无论功率大小都可以换上相同规格的打穿墙洞的钻头，只是功率过小，会造成电锤损坏。

2）电锤有翼钻头，可用于打墙，如孔径过大，可选择装扩眼器。

3）电锤无翼钻头，可用来钻木材与金属。

4）打空调穿墙眼一般用有翼钻头加扩眼器。

5）如果是长期从事打穿墙孔工作，则需要选择水钻。这样能使眼孔整齐，且工作量小。但需要注意，水钻不好控制，需要专业人员操作。

6. 根据作业性质、对象及成孔直径选择

用电锤在混凝土建筑物上凿孔，一般会使用金属膨胀螺栓，为此，可以根据成孔直径来选择电锤：

（1）成孔直径在 12 ~ 18mm，可以选用 16mm、18mm 规格的电锤。

（2）成孔直径在 18 ~ 26mm，可以选用 22mm、26mm 规格的电锤。

（3）成孔直径在 26 ~ 32mm，可以选用 38mm 规格的电锤。

另外，选择电锤还需要考虑作业性质、对象：

1）在混凝土构件上进行扩孔作业时，需要选用大规格的电锤。

2）在混凝土构件表面进行打毛、开槽等作业，需要选用大规格的电锤，具体内容如下：

①在 2 级配混凝土上凿孔时，需要根据凿孔的直径来选用相应规格的电锤。

②在 3 级配或 3 级配以上的混凝土上凿孔时，根据电锤规格需要大于凿孔。

③瓷砖、红砖、轻质混凝土上使用电锤凿孔时，需要选用 16mm、18mm

等规格的电锤。

说明：大规格的电锤质量较重，打孔速度与效率都高一些。

3）在一些不是很坚硬的材料上作业，可以选择小规格的电锤。小规格的电锤输出功率小、冲击功率小、冲击频率高，能使成孔圆整、光洁。

（4）电锤的冲击力远大于普通冲击钻，因此，要求穿墙的作业需要选择电锤。

◀第七节　电镐的使用▶

一、电镐的介绍

电镐广泛应用于管道敷设、机械安装、给水排水设施建设、室内装修、港口设施建设和其他建设工程施工，适用于镐钎或其他适当的附件，如凿子、铲等对混凝土、砖石结构、沥青路面进行破碎、凿平、挖掘、开槽、切削等作业。

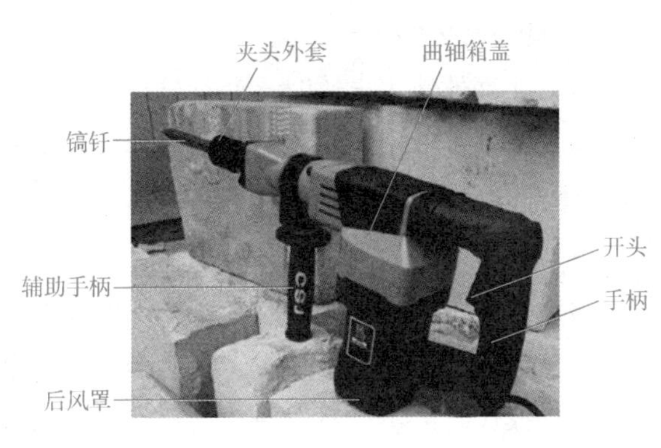

二、电镐的使用方法

把锤头安装到位，利用机器重量，用两手紧握住电镐，就可以有效地控制电镐反冲运动。要以适当的速度开始工作，用力过猛将会降低效率。

电镐的使用过程如下所示。

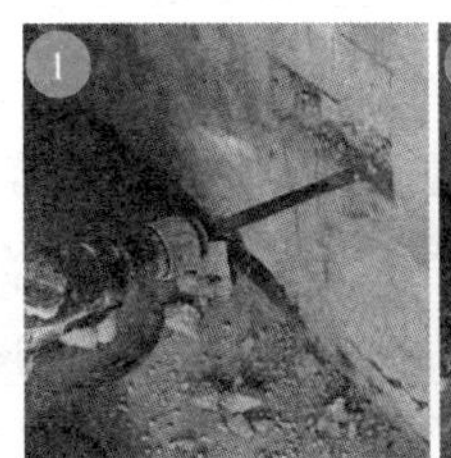

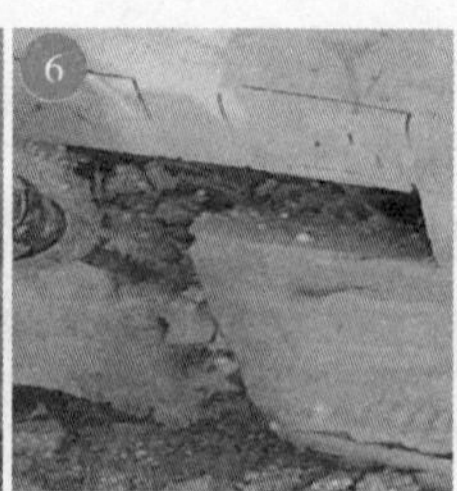

三、电镐使用注意事项

1）操作前，需要仔细检查螺钉是否紧固，需要确认凿头被紧固在相应规定的位置上。此外，还需要注意观察电动机进风口、出风口是否通畅，以免造成散热不良损伤电动机定子、转子的现象。

2）操作者操作时需要戴上安全帽、安全眼镜、防护面具、防尘口罩、耳朵保护具与厚垫的手套。

3）在高处使用电镐时，必须确认周围、下面无人。

4）凿削过程中不要将尖扁凿当作撬杠来使用，尤其是强行用电镐撬开破碎物体，以免损坏电镐。

5）操作电镐需要用双手紧握。

6）操作时，必须确认站在很结实的地方。

7）电镐旋转时不可脱手。只有当手拿稳电镐后，才能够启动工具。

8）操作时，不可将凿头指向任何在场的人，以免冲飞出去而导致人身伤害事故的发生。

9）当凿头凿进墙壁、地板或任何可能会埋藏电线的地方时，决不可触摸工具的任何金属部位，握住工具的塑料把手或侧面抓手以防凿到埋藏电线而发生触电。

10）操作完，手不可立刻触摸凿头或接近凿头的部件，以免烫伤。

11）及时更换碳刷，并且使用符合要求的碳刷。

12）电镐长期使用时，如果出现冲击力明显减弱时，一般需要及时更换活塞与撞锤上的O形圈。

13）寒冷季节或当工具很长时间没有用时，需要让电镐在无负荷下运转几分钟以加热工具。

14）电镐为断续工作制工具，使用时一定要注意电动机的温度，工程量较大时要用两台以上电镐轮流使用。

电锤和电镐的不同之处

（1）外观上　电锤的钻杆，有10～15cm是螺旋状的金属杆；光看机器的后半部分，其实是挺相似的，但是对于钻头部位的区别还是很明显的。电镐的钻杆部位是较粗的实心金属杆，最前端成尖状或扁平状，杆身不带螺纹。

（2）工作原理上　电锤是机身内部的电动机分别带动2套齿轮实现钻和反复地活塞运动效果。电镐是通过内部的电动机运转带动铅槌不停地撞击钻杆来达到冲击的效果。

（3）功能和应用上　电锤从某种角度来说，更像是放大版的电钻，它具有强大的钻孔能力，属于安装工具。多用于开小孔、墙体拉结筋施工以及其他在建筑上安装设备或网架等情况。电镐，说的简单点就是完全的破坏作用，广泛用于拆除墙体，剔除胀模的混凝土结构，清理后浇带等情况。

第八节　PP-R热熔器的使用

一、PP-R热熔器的介绍

PP-R热熔器又称为PP-R焊接机。PP-R热熔工具有电子型PP-R热熔器、调温型PP-R热熔器、双温双控型PP-R热熔器、$D20$～$D32$的PP-R热熔器、$D20$～$D63$的PP-R热熔器等种类。

PP-R热熔器加热温度一般是大约260°C，功率常见的有700W、800W等。

选择PP-R热熔器模头时，应选择中心眼处理不粗糙，进口漆在模头上覆盖完全，固定模头螺钉不容易脱落的模头。

热熔器的特点：温度控制精确，可靠性高，安全指数高，环境适应性强，结构坚固，方便快捷，所焊管材管件接口更强于管材本身，永不渗漏。

公称外径/mm	热熔深度/mm	加热时间/s	加工时间/s	冷却时间/min
20	14	5	4	3
25	16	7	4	3
32	20	8	4	4
40	21	12	6	4
50	22.5	18	6	5
63	24	24	6	6

二、PP-R 热熔器的使用方法

固定熔接器，安装加热端头，把熔接器放置于架上，根据所需管材规格安装对应的加热模头，并用内六角扳手扳紧，一般小头在前端。

通电开机，接通电源（注意电源必须带有接地保护线），绿色指示灯亮，红色指示灯熄灭，表示熔接器进入自动控制状态，可开始操作。

加热时：无旋转地把管端导入加热模头套内，插入到所标识的深度，同时，无旋转地把管件推到加热模头上，达到规定标志处。

达到加热时间后，立即把管材管件从加热模具上同时取下，迅速无旋转地直线均匀插入到已热熔的深度，使接头处形成均匀凸缘，并要控制插进去后的反弹。

三、PP-R 热熔器使用注意事项

1）正规厂家生产的 PP-R 热熔器一般有红绿指示灯，红灯代表加温，绿灯代表恒温，第一次达绿灯时不可使用，必须第二次达绿灯时方可使用。

2）操作前要检查拖线板、电线、插头、插座是否完好，PP-R 热熔器具是否松动或损坏。

3）操作前要检查管材、管件是否为同一品牌。将管子擦拭干净。

4）在规定的加工时间内，刚熔接好的接头还可以校正，可少量旋转，但过了加工时间，严禁强行校正。

注意：接好的管材和管件不可有倾斜现象，要做到基本横平竖直，避免在安装龙头时角度不对，不能正常安装。

5）在规定的冷却时间内，严禁让刚加工好的接头处承受外力。

6）停机前请确认加热板是否位于最上端，方可关闭电源。

7）停机后先拔下电源插头，最后关闭气源。

8）确认电气源关闭没有问题后，人员方可离开。

第九节　石材切割机的使用

一、石材切割机的外形及特点

石材切割机主要用于天然或人造的花岗石、大理石及类似材料等石料板材、瓷砖、混凝土、石膏等材料的切割，其广泛应用于地面、墙面石材装修工程施工中。

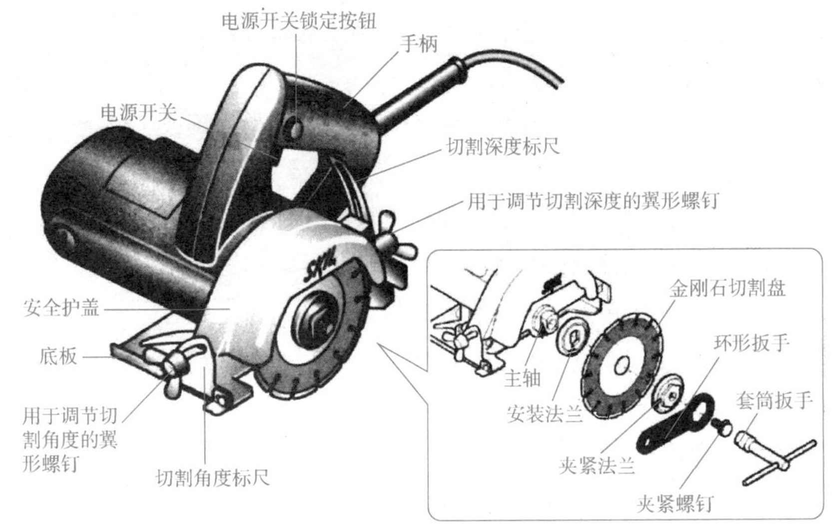

二、石材切割机的使用方法

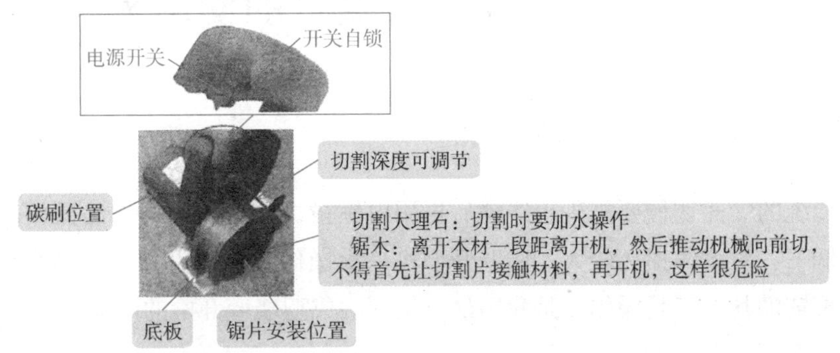

三、石材切割机使用注意事项

1. 工作前

1）穿好工作服，带好护目镜，女工将头发盘起戴上工作帽。

2）对电源闸刀开关、锯片的松紧度、锯片护罩或安全挡板进行详细检查，操作台必须稳固，夜间作业应有足够的照明。

3）打开总开关，空载试转几圈，待确认安全后才允许使用。

2. 工作时

1）严禁戴手套操作。如在操作过程中会引起灰尘，要戴上口罩或面罩。

2）不得试图切锯未夹紧的小工件。

3）石材切割机不得切割金属材料。

4）不得进行强力切锯操作，在切割前要使电动机达到全速。

5）不允许任何人站在锯后面。

6）不得探身越过或绕过锯机，锯片未停止时不得从锯或工件上松开任何一只手或抬起手臂。

7）护罩未到位时不得操作，不得将手放在距锯片15cm以内。

8）维修或更换配件前必须先切断电源，并等锯片完全停止。

9）发现有不正常声音，应立刻停止检查。

3. 工作后

1）关闭总电源。

2）清洁、整理工作台和场地。

3）如发生人身、设备事故，应保护好现场，报告有关部门。

◀第十节　墙壁开槽机的使用▶

一、墙壁开槽机的外形及特点

传统的墙面切槽要先割出线缝后再用电锤凿出线槽，这种方法操作复杂，效率低下，对墙体损坏较大。墙壁开槽机一次操作就能开出施工需要的线槽，不用再辅助其他工具操作，是我国最早的一次成型墙壁开槽的电动工具之一。

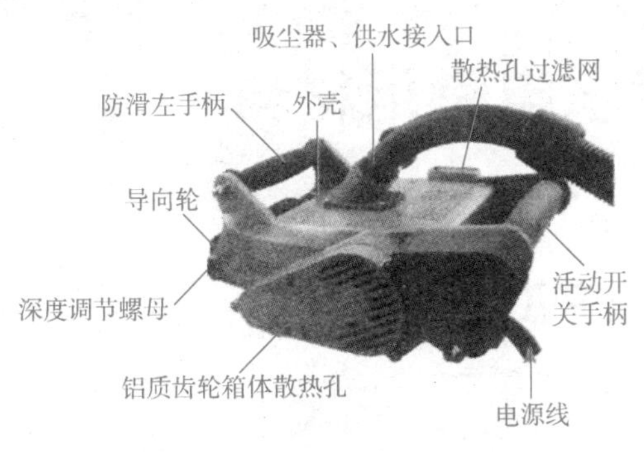

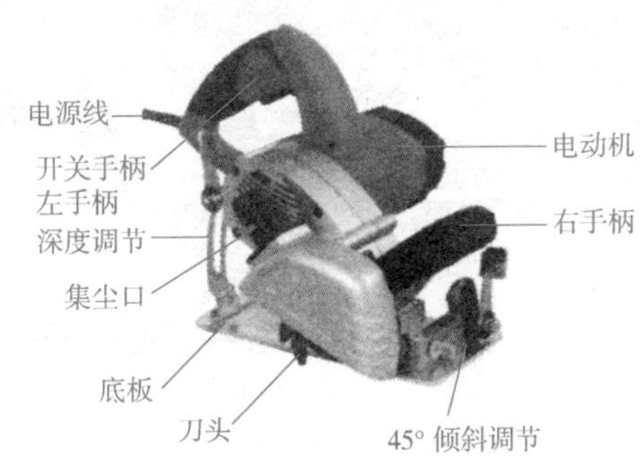

二、墙壁开槽机使用注意事项

1）作业时，需要戴上安全护目镜，并需要将吸尘器连接好。

2）不要将手指或者其他物品插入墙壁开槽机的任何开口地方，以免造成人身伤害。

3）使用时，需要将前滚轮上的视向线对准开槽线。

4）开槽中，一般尽量以平稳的速度将墙壁开槽机向前移动。

5）维护墙壁开槽机前，需要将其电源切断，插头拔掉。

6）不要将墙壁开槽机的任何部位浸入液体中。

7）如果电动机开始发热，需要停止切割，让墙壁开槽机冷却后，再重新开始工作。

8）开槽完毕后，刀具变得很热，因此，取下刀具前需要让刀具冷却。

9）当墙壁开槽机刀具不锋利时，可以拆下来，因为有的刀具可以用砂轮机将其磨锋利。

10）在有电的电缆线、煤气、天然气、自来水管道的墙体上作业时，需要注意避开。

第三章　家装水电常用材料

◀第一节　PVC 管▶

一、认识 PVC 管

1. PVC 给水管

PVC 管材是聚氯乙烯树脂，生产上采用挤出形式。PVC 给水管颜色一般为白色或灰色，长度一般为 4m 或者 6m，连接方式有溶剂粘接式、弹性密封圈式。新型的硬聚氯乙烯给水管道（PVC-U）是一种供水管材，具有耐酸、耐碱、耐腐蚀性强，耐压性能好，强度高，质轻，流体阻力小，无二次污染等特点，可以适用于冷热水管道系统、供暖系统、纯净水管道系统、中央（集中）空调系统等。

2. PVC 排水管

PVC 排水管应用很广，称之排水管王不为过。PVC 排水管管壁面光滑，流体阻力小，相对密度仅是铁管的 1/5。

常用 PVC-U 排水管规格（公称外径/mm）：32、40、50、75、90、110、125、160、200、250、315。PVC-U 管材的长度一般为 4m 或 6m。PVC 排水管是以卫生级聚氯乙烯（PVC）树脂为主要原料，加入适量的稳定剂、润滑剂、填充剂、增色剂等经塑料挤出机挤出成型和注塑机注塑成型，通过冷却、固化、定型、检验、包装等工序以完成管材、管件的生产。

3. PVC 管性能的特点

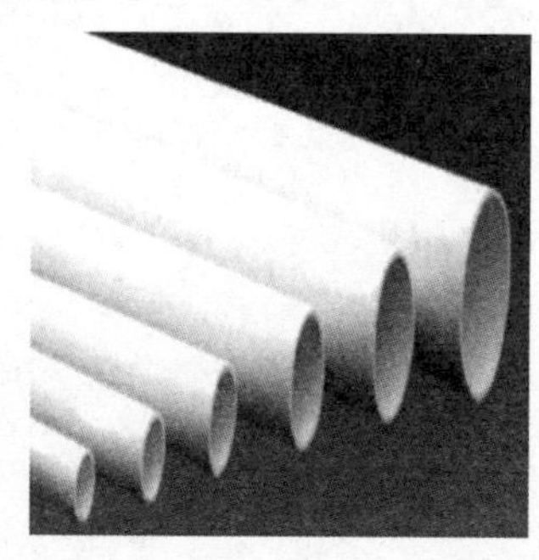

PVC 管具有阻燃、耐化学药品性高、机械强度高及电绝缘性良好的优点。

PVC 管具有稳定的物理化学性质，不溶于水、酒精、汽油，气体、水汽渗漏性低；在常温下可耐任何浓度的盐酸、90% 以下的硫酸、50% ~60% 的硝酸和 20% 以下的烧碱溶液，具有一定的抗化学腐蚀性；对盐类相当稳定，但能够溶解于醚、酮、氯化脂肪烃和芳香烃等有机溶剂。

PVC 管的一大特点是阻燃，因此被广泛用于防火。但是 PVC 管在燃烧过程中会释放出氯化氢和其他有毒气体。

PVC 管是世界上产量最大的塑料产品之一，价格便宜，应用广泛，聚氯乙烯树脂为白色或浅黄色粉末。

根据不同的用途可以加入不同的添加剂，PVC 管可呈现不同的物理性能和力学性能。在 PVC 树脂中加入适量的增塑剂，可制成多种硬质、软质和透明制品。

硬质 PVC 管有较好的抗拉、抗弯、抗压和抗冲击能力，可单独用做结构材料。

二、PVC 管种类

PVC 管可分为软 PVC 管和硬 PVC 管，其中硬 PVC 管大约占市场份额的 2/3，软 PVC 管占 1/3。软 PVC 管一般用于地板、顶棚以及皮革的表层，但由于软 PVC 管中含有柔软剂（这也是软 PVC 管与硬 PVC 管的区别），容易变脆，不易保存，所以其使用范围受到了限制。硬 PVC 管不含柔软剂，因而柔韧性好，易成型，不易脆，无毒无污染，保存时间长，因而具有很大的开发应用价值。

（1）PVC 给水管　规格有 *De*20，*De*25，*De*32，*De*40，*De*50，*De*63，*De*75，*De*110，*De*160，*De*200，*De*250，*De*315，*De*400 等。

（2）PVC 排水管　规格有 *De*50，*De*75，*De*110，*De*160，*De*200，*De*250，*De*315，*De*400 等。

如果 PVC 管容易断，说明该 PVC 管质量差，可能是制作时温度、配方与工艺等存在缺陷或者不足等原因造成的。

三、PVC 护线管

家庭装修的布线一般都采用 PVC 塑料管作电线保护管材。根据 PVC 管的特点，主要应用于明装或暗装配线工程中，对电线、电话线、有线电视线路等起到良好保护作用。

1. PVC 护线管分类

1）PVC 护线管根据施工的不同可分：圆管、槽管、波形管。

2）根据 PVC 管材管壁的薄厚可分为：轻型管，主要用于挂顶；中型管，用于明装或暗装；重型管，主要用于埋藏在混凝土中。家庭装修主要选择轻型和中型管。

2. PVC 护线管的特性

1）阻燃性能好。PVC 护线管材在火焰上烧烤离开后，自燃火能迅速熄灭，避免火势沿管道蔓延；同时，由于它传热性差，在火灾情况下，能在较长时间内有效地保护线路，保证电器控制系统运行，便于人员疏散。

2）绝缘性好，能承受高压而不被击穿，有效避免漏、触电危险。

3）耐腐蚀、防虫害，PVC 护线管具有耐一般酸碱性能，同时，由于 PVC 护线管内不含增塑剂，因此无虫鼠危害。

4）拉压力强，能承受强压力，适合于明装或暗装在混凝土中，不怕受压破裂。

5）施工简便。PVC 管质量轻，便于车辆运输和人工搬运，施工安装时轻便省力。

6）PVC 护线管容易弯曲，只要插入一根弯弹簧，可以在室温下人工弯曲成形。

7）剪接方便，用 PVC 剪刀可以方便地剪断直径 32mm 以下的 PVC 护线管，用胶粘剂和有关附件，可以迅速方便地把 PVC 护线管连接成所需的形状。

3. PVC 护线管常用附件

由于 PVC 护线管材管径的不同，因此配件的口径也不同，应选择同口径的与之配套。根据布线的要求，管件的种类有：入盒接头、接头、管卡、变径接头、分线盒等。

4. PVC 护线管操作注意事项

1）在铺设电线穿管时电线的总截面面积，不能超出线管内直径的 40%。

2）在设计电线铺设时电线与信号线不能同穿一根线管，以避免相互干扰。

四、难燃绝缘 PVC 电线槽电工管

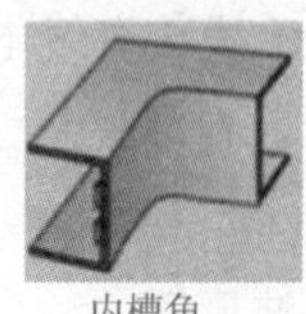
内槽角

内槽角

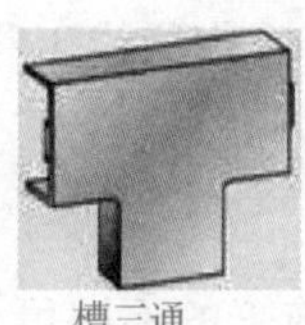
槽三通

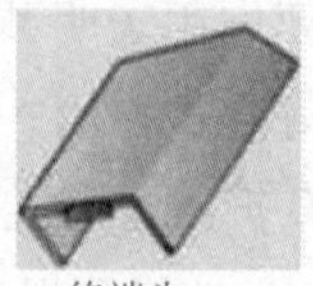
终端头

连接头 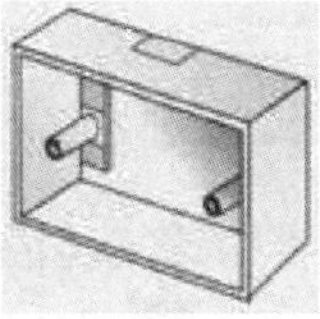　槽线盒 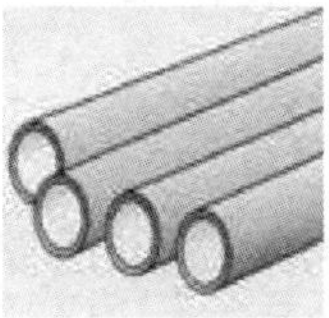　电线管 　管直通（套管）

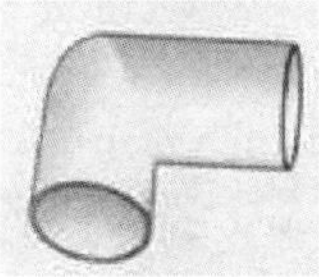

管弯头 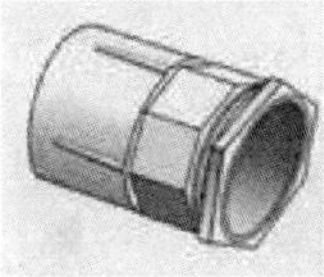　管接头 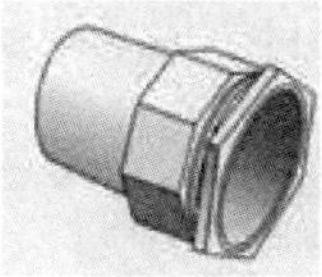　异径管接头 　管塞

管三通圆接线盒 　管四通圆接线盒 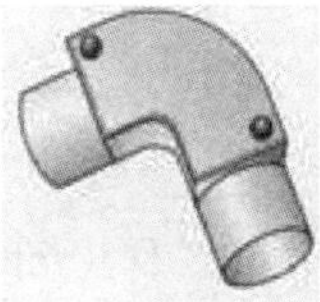　管有盖弯头 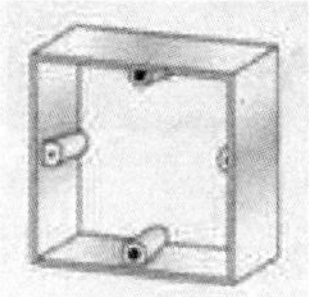　转换框

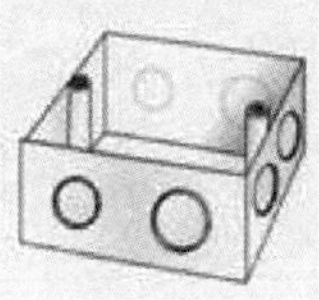

明装开关盒 　明装开关盒 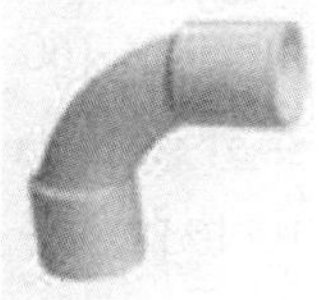　大弧度弯头 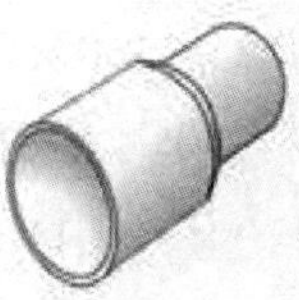　管大小直通

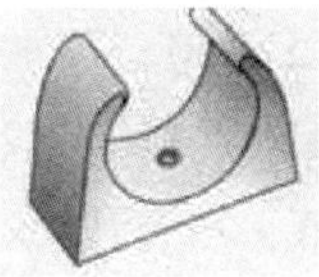

管夹 　管单通圆接线盒 　双直通圆接线盒 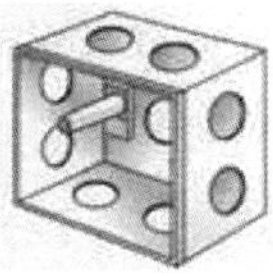　暗装开关盒

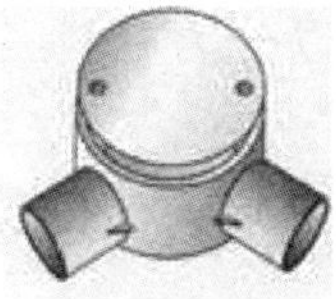

管双曲通圆接线盒 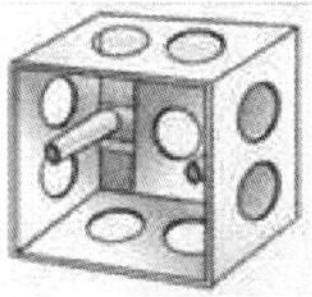　暗装深型开关盒

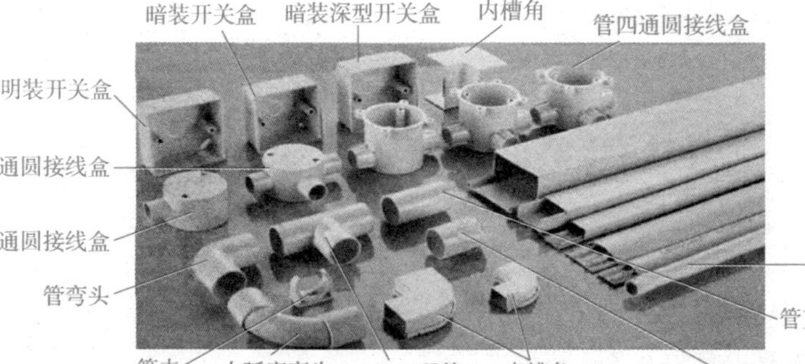

五、PVC 水管配件

直落水接头：主要用于连接管路，使管路透气、溢流，清除伸缩余量。

三通：有等径三通、变径三通、斜三通、正三通等。安装时要注意顺水方向，便于安装水管时自然形成坡度。

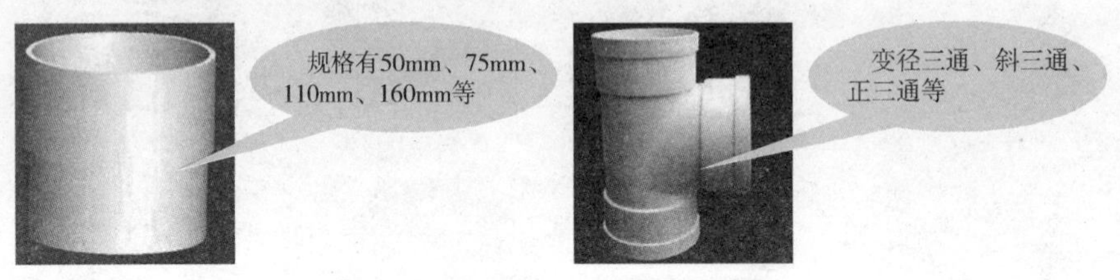

1）45°斜三通公称外径 *D*（mm）有：50×50、75×50、75×75、90×50、90×90、110×50、110×75、110×110、125×50、125×75、125×110、125×125、160×75、160×90、160×110、160×125、160×160。

2）90°顺水三通公称外径 *D*（mm）有：50×50、75×75、90×90、110×50、110×75、110×110、125×125、160×160。

3）瓶形三通公称外径 *D*（mm）有：110×50、110×75。

4）异径管公称外径 *D*（mm）有：50×40、50×50、75×50、75×75、90×50、90×75、90×90、110×50、110×90、110×75、110×110、125×50、125×75、125×90、125×110、125×125、160×50、160×75、160×90、160×110、160×125、160×160。

斜三通：三通意味着有三个管口是相通的。斜三通可以分为右斜三通、左斜三通。

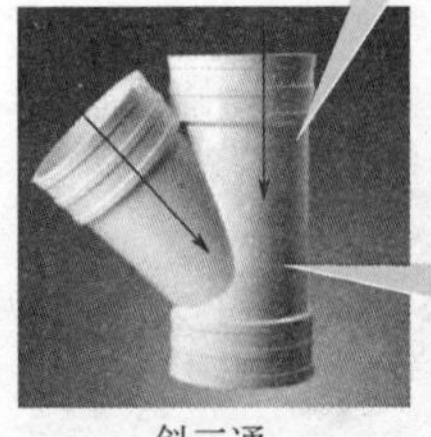

支管与主管连接的角度是倾斜的，有的斜角为45°，有的斜角为75°
排水管道横管均要有坡度，以免管内残留物在无压的情况下不易流动，从而造成堵塞。厕所排水管的坡度大小一般在2%以上，与立管交接处横管易存物堵塞，因此一般采用45°斜三通

斜三通

吊卡：PVC 吊卡也称为卡吊、管卡。主要起固定 PVC 管的作用。PVC 排水管横管一般要求每隔 0.6m 装吊卡一只。

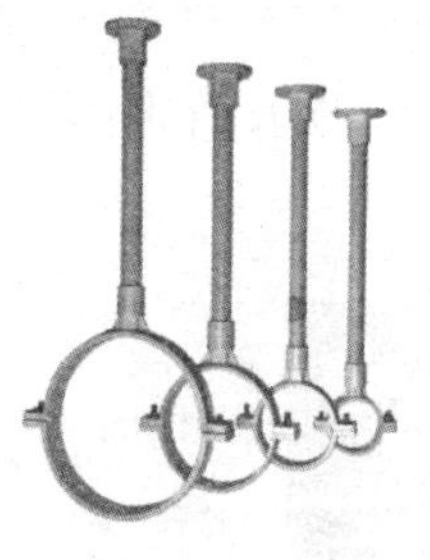

PVC吊卡有盘式吊卡、环式吊卡之分

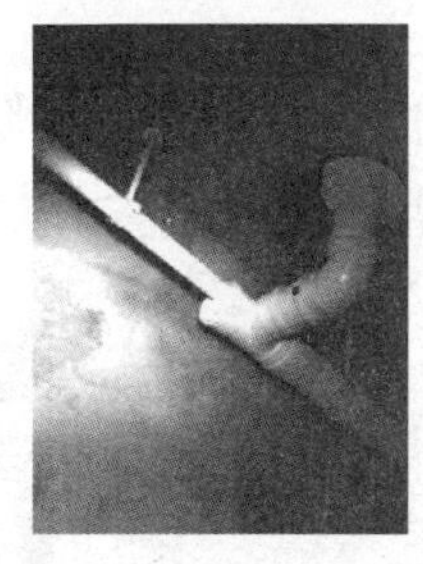

立管卡（墙卡）：立管卡是注塑成型塑料件，主要起固定支承排水管等作用。立管卡规格有 50mm、75mm、110mm、160mm 等。

检查口与清扫口：排水检查口一般是指排水立管检查口，是检修管道堵塞时用的。清扫口安装在卫生间、厨房的地面上，用于排水，一般设有装饰面盖。

立管检查口一般在排水立管、弯头、水平支管的顶部

立管检查口规格有50mm、75mm、110mm、160mm、200mm等

存水弯：存水弯中会保留一定的水，可以将下水道下面的空气隔绝，防止臭气、小虫进入室内。

规格有50mm、75mm、110mm等

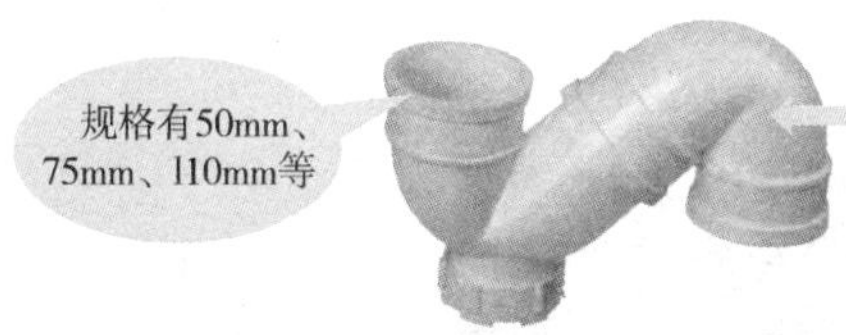

存水弯有S形存水弯、P形存水弯（依据存水弯的形状来分类）。S形存水弯一般用于与排水横管垂直连接的场所。P形存水弯一般用于与排水横管或排水立管水平直角连接的场所

四通：四通分为立体四通、平面四通、右四通、左四通、汇合四通等。

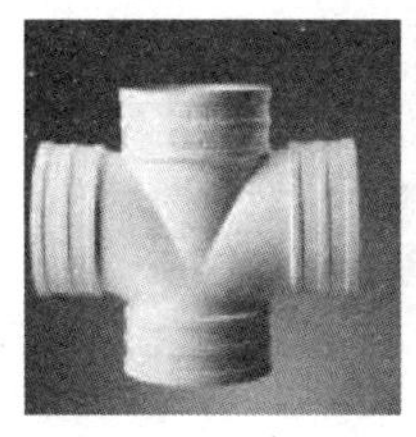

如果把正三通或正四通装入家居立管与横支管连接处，会造成连接处形成水舌流，横支管水流不畅，卫生器具的水封容易被破坏。因此，会在立管与横支管连接处安装斜三通或斜四通

平面四通、立体四通的规格有50mm、75mm、110mm等

弯头：用来改变管路方向的管配件。出户横管与立管的连接如果均采用一个 90°弯头，则堵塞率较高。如果采用两个 45°的弯头连接，则效果要好

一些。

伸缩节：主要用于排除管道热胀冷缩的伸缩量，防止管道因热胀冷缩而变形破裂。

45° 弯头用于连接管道转弯处，连接两根管子，使管路成45° 转弯。90° 弯头用于连接管道转弯处，连接两根管子，使管路成90° 转弯

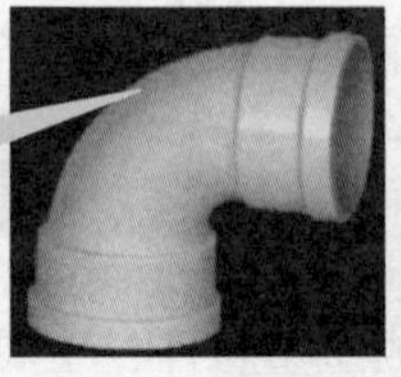

硬聚氯乙烯管的线胀性较大，受温度变化产生的伸缩量较大，因此，这种材料的伸缩节常安装在排水立管中

伸缩节最大允许伸缩量　（单位：mm）

外径	50	75	110	160
最大允许伸缩量	12	12	12	15

止水环：起到防漏、防渗的作用。

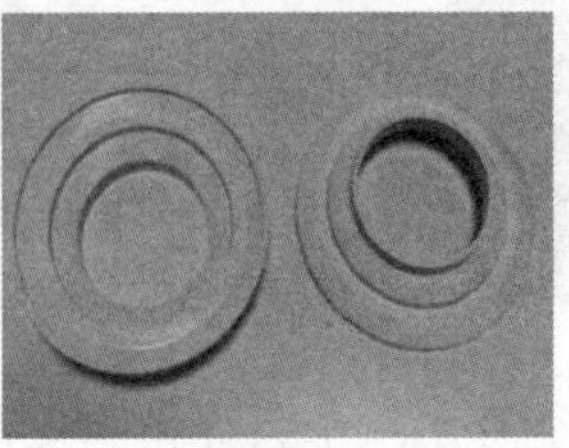

U 形弯：用于防止异味。在改动下水管时，应先装 U 形弯再装防臭地漏，避免返异味。

U 形弯。U 形弯规格有50mm、75mm、110mm等

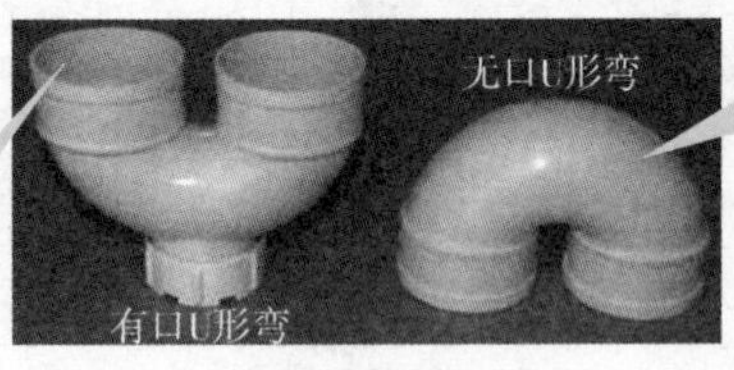

ϕ200以下的 PVC-U 管，三通、弯头、法兰、异径管、U 形弯等管件，一般采用粘接连接的方式连接

第二节　PP-R 管

一、认识 PP-R 管

PP-R 管又称三丙聚丙烯管、无规共聚聚丙烯管，具有节能节材、环保、

轻质高强、耐腐蚀、内壁光滑不结垢、施工和维修简便、使用寿命长等优点，广泛应用于建筑给水排水、城乡给水排水、城市燃气、电力和光缆护套、工业流体输送、农业灌溉等建筑业、市政、工业和农业领域。PP-R 管采用无规共聚聚丙烯经挤出成为管材，注塑成为管件。

市面上销售的 PP-R 管主要的颜色有白色、灰色、绿色和咖喱色，造成这种情况的原因主要是添加的色母料不同造成的。

1. PP-R 管材的优点

（1）质量轻　20℃时密度为 0. 90g/cm^3，质量仅为钢管的九分之一，紫铜管的十分之一，极大降低施工强度。

（2）耐热性能好　瞬间使用温度为 95℃，长期使用时，温度可达 75℃，是目前最理想的室内冷热水管材。

（3）耐腐蚀性能　非极性材料，对水中的所有离子和建筑物的化学物质均不起化学作用，不会生锈和腐蚀。

（4）导热性低　具有良好的保温性能，用于热水系统时，一般无需额外保温材料。

（5）管道阻力小　光滑的管道内壁使得沿程阻力比金属管道小，能耗更低。

（6）管道连接牢固　具有良好的热熔性能，热熔连接将同种材料的管材和管件连接成一个完美整体，杜绝了漏水隐患。

（7）卫生、无毒　在生产、施工、使用过程中对环境无污染，属于绿色建材。

2. PP-R 管管材的标识方法

（1）*PN* 为公称压力　与管道系统元件的力学性能和尺寸特性相关、用于参考的字母和数字组合的标识。它由字母 *PN* 和后面无因次的数字组成。

注：1）字母 *PN* 后跟的数字不代表测量值，不应用于计算目的，除非在有关标准中另有规定；除与相关的管道元件标准有关联外，术语 *PN* 不具有意义。

2）管道元件允许压力取决于元件的 *PN* 数值、材料和设计以及允许工作温度等。

3）具有同样 *PN* 和 *DN* 数值的所有管道元件同与其相配的法兰应具有相同的配合尺寸。

（2）*DN* 为公称尺寸　用于管道系统元件的字母和数字组合的尺寸标识。

它由字母 *DN* 和后跟无量纲的整数数字组成。这个数字与端部连接件的孔径或外径（用 mm 表示）等特征尺寸直接相关。

注：除在相关标准中另有规定，字母 *DN* 后面的数字不代表测量值，也不能用于计算目的。采用 *DN* 标识系统的那些标准，应给出 *DN* 与管道元件尺寸之间的关系，例如 *DN/OD* 或 *DN/ID*。也可使用与以上不同的标记方法，例如使用 *NPS*（公称管子规格）、*OD*（外径）、*ID*（内径）等标识管道元件。

二、PP-R 管种类

1. PP-R 给水管的种类

（1）PP-R 塑铝稳态管　为 5 层复合结构，中间层是铝层，外层和内层为 PP-R。层与层采用不同的热熔胶，通过高温高压挤出复合而成。

（2）PP-R 纳米抗菌管　是在吸收 PP-R 水管环保节能的基础上通过技术手段从而达到银离子有效抑制细菌滋生的 PP-R 管。

（3）FRPP 玻纤增强管　是在传统 PP-R 水管产品优点的基础上加入优质玻纤，从而使塑料管道的韧性进一步提高与加强。

2. PP-R 管材区分和判定方法

聚丙烯管材具有保温节能、绿色环保、耐热稳定性优异及优良的卫生性能等优点，广泛用于冷、热水给水管及高低温供暖连接管等领域。目前，在室内排水领域也开始使用聚丙烯管材。国内用于建筑物内冷热水输送和地板供暖塑料管材的主要品种有 PP-R、PP-B；国外除应用上述两种管材之外，还在室内排水领域应用了一定量的 PP-H。但是不同种类 PP 管材具有不同特点，可以清楚地从结构、产品力学和物理性能加以区别。也正是这种区别，决定了它们不同的产品特性、经济性和不同的应用场合。以下为 PP-H、PP-B、PP-R 管材区分和判定方法。

项目	均聚聚丙烯（PP-H）	嵌段共聚聚丙烯（PP-B）	无规共聚聚丙烯（PP-R）
学名	PP-H 是均聚聚丙烯，也就是常说的Ⅰ型聚丙烯	PP-B 为嵌段共聚聚丙烯，也就是常说的Ⅱ型聚丙烯	PP-R 是无规共聚聚丙烯，也就是常说的Ⅲ型聚丙烯
结构	由单一聚丙烯单体聚合而成，分子链中不含乙烯单体	乙烯含量较高，一般为 7% ~15%。在分子序列中，两个乙烯单体及三个单体连接在一起的概率非常高，乙烯单体仅存在嵌段相中	由丙烯单体和少量乙烯单体在加热、加压和催化剂作用下共聚得到的

（续）

项目	均聚聚丙烯（PP-H）	嵌段共聚聚丙烯（PP-B）	无规共聚聚丙烯（PP-R）
熔点	PP-H 的熔点据其他两者之间	PP-B 的熔点最高，大约在 160℃	PP-R 的熔点最低，大约在 140℃
主要性能	分子链规整度高，具有良好的耐高温性能，抗低温冲击性差，耐光老化性能较差	较好的低温抗冲击性，低温脆化点为 -5℃，耐高温性差，适用温度范围为 0～60℃	低温抗冲击性一般（0℃），在高温下也有较好的抗蠕变能力，适用温度范围为 0～80℃
主要应用领域	一般用于化工管路或其他工程用途	一般适用于冷水系统或温度低于 60℃的低压水系统	广泛适用于建筑物冷热水系统

三、PP-R 管选择

PP-R 管正式名为无规共聚聚丙烯管，是目前家装工程中采用最多的一种供水管道。PP-R 管的接口采用热熔技术，管子之间完全融合到了一起，所以一旦安装打压测试通过，绝不会再漏水，可靠度极高。

但这并不是说 PP-R 管是没有缺陷的水管，耐高温性、耐压性稍差些，长期工作温度不能超过 70℃；每段长度有限，且不能弯曲施工，如果管道铺设距离长或者转角处多，在施工中就要用到大量接头；管材便宜但配件价格相对较高。从综合性能上来讲，PP-R 管是目前性价比较高的管材，所以成为家装水管改造的首选材料。

一般在水电改造中，原有的水管都会更换，家装公司和商家在建议装修者安装 PP-R 管时全部选用热水管，即使是流经冷水的地方也用热水管。这样做是由于热水管的各项技术参数要高于冷水管，且价格相差不大，所以水路改造都用热水管。

另一个事实是冷水管市面上也很难买到，因为冷水管仅供应工装市场，不供应家装市场。PP-R 管的管径可以从 16mm 到 160mm，家装中用到的主要是 20mm、25mm 两种（分别俗称 4 分管、6 分管），其中 4 分管用到的更多些。

注：PP-R 管又称为三型聚丙烯管，采用无规共聚聚丙烯经挤出成为管材，注塑成为管件，是欧洲 20 世纪 90 年代初开发应用的新型塑料管道产品。PP-R 是采用气相共聚工艺使 5% 左右 PE 在 PP 的分子链中随机地均匀聚合（无规共聚）而成为新一代管道材料。它具有较好的抗冲击性能和长期蠕变

性能。

PP-R 与 PP-C 的关系

前一时期，国内市场上出现 PP-C 管材、管件，其安装方法与 PP-R 一致。不少人不清楚 PP-R 与 PP-C 有什么差别，造成不少误解和混乱。国际标准中，聚丙烯冷热水管分 PP-H、PP-B、PP-R 三种，没有 PP-C。市场上的 PP-C 管实际上是 PP-B 管，其原料是嵌段共聚聚丙烯类管材专用料。PP-B 管是冷热水管的一种，价格比较便宜，其耐热、耐压性能与 PP-R 的差距很大。

例如：使用条件 2，设计压力 0.6MPa*DN*25 管材，PP-R 管壁厚 3.5mm，PP-B（PP-C）管壁厚 5.1mm；设计压力 0.8MPa*DN*25 管材，PP-R 管壁厚 4.2mm，而 PP-B（PP-C）就无法用了，因为要求的壁厚太厚了。市场上结构尺寸与 PP-R 一致的 PP-C 管，其使用条件低得多，不能混同 PP-R 管使用，更不能在确定使用条件后，以 PP-C 管替代 PP-R 管。使用条件 2 表示设计温度 70℃，供热水用。

四、PP-R 水管配件

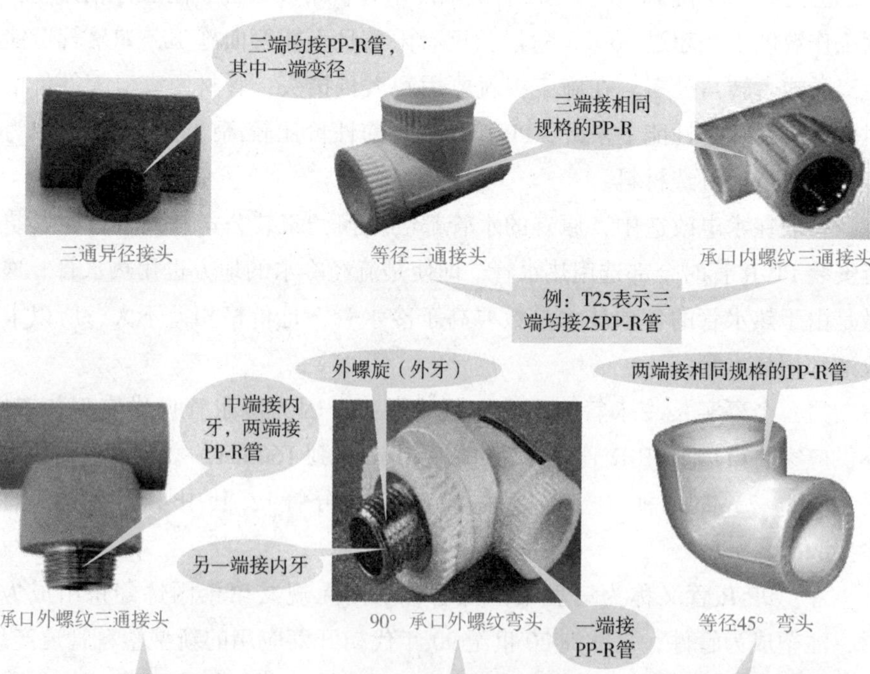

两端接不同
规格的PP-R管
异径弯头

例：L35×25表示一端接35PP-R管，另一端接25PP-R管

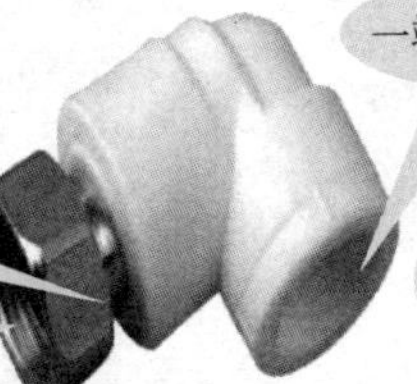
一端接PP-R管
一端接外牙
主要用于水表
及热水器连接
内牙弯头活接

例：L35×25表示一端接35PP-R管，另一端接25PP-R管

该管件可通过底
座固定在墙上
带座内牙弯头

例：L20×1/2F（Z）表示一端接20PP-R管，另一端接1/2in内牙

等径90° 弯头

例：L25表示两端均接25PP-R管

常接水龙头
90° 承口内螺纹弯头

例：L25×1/2F表示一端接25PP-R管，一端接1/2in内牙

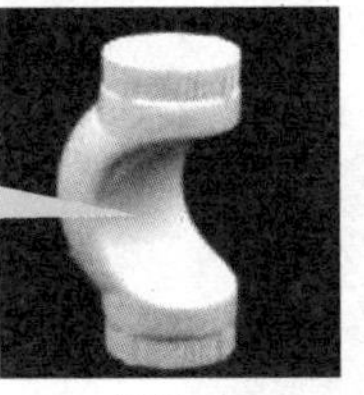
两端接相同规
格的PP-R管
过桥弯

例：W25表示两端均接25PP-R管

大径做上级水管
小径做分支管
异径四通接头

两端接不同
规格的PP-R管
过桥弯管（S3.2）系列

例：F12-L25×20表示一端接25PP-R管，另一端接20PP-R管

承口活接头

规格有：S20、S25、S32、S40、S50、S63

外螺纹（外牙）直通

例：S20×1/2M表示一端接20PP-R管，一端接1/2in内牙

内牙直通

例：S20×1/2M表示一端接20PP-R管，一端接1/2in内牙

用于需
拆卸处的
安装连接，
主要用于
水表连接
内牙接活（1）

用于需拆卸处的安装连接，主要用于水表连接

内牙接活（2）

用于需拆卸处的安装连接

承口外螺旋活接口

例：T20×1/2M×20表示两端接20PP-R管，中间接1/2in内牙

异径直通

例：S25×20表示一端接25PP-R管，另一端接20PP-R管

等径直通

例：S20表示两端均接20PP-R管

用于相关规格PP-R管的封堵

管帽

例：D20表示接20PP-R管

管配件代号及符号

管配件代号	符号	管配件代号	符号
套管接头		三通 异径三通	
异径接头（扩） 异径接头（缩）		螺纹三通	
90°弯头		螺纹直通	
45°弯头		螺纹 90°弯头	

五、PP-R 管和 PVC 管的区别

1. PP-R 管和 PVC 管生产所用的原材料不同

PP-R 管是由共聚聚丙烯材料生产而成的，而 PVC 管则是由聚氯乙烯材料

生产而成的，生产材料的不同，导致其性能也不大相同。

2. 因生产材料不同，PP-R 管和 PVC 管产品的色泽不同

聚丙烯材料的 PP-R 管材外表光亮，管材韧性更好，根据添加色母不同可以生产其他颜色管材；PVC 管多为乳白色，表面光泽，材质比较脆。

3. 壁厚不同

雅洁 PP-R 管分为 4 分管和 6 分管，壁厚分别是 2.3mm 和 3.5mm；PVC 管口径 6mm 的壁厚 2.0mm，口径 8～10mm 的壁厚为 2.5mm。

4. 生产成本不同

由于材质和壁厚的原因，PP-R 管和 PVC 管的生产成本和价格也有差异。一般来讲，PP-R 管的价格相对较高。

5. 用途不同

由于材质原因，PVC 管卫生和安全性不如 PP-R 管，在家装中一般选用雅洁 PP-R 管作为给水管道，可以用于冷热水管，PVC 管道则经常用于排水管使用，只能用于冷水管道。

◀第三节 开关▶

一、认识开关

开关的词语解释为开启和关闭。它还指一个可以使电路开路、使电流中断或使其流到其他电路的电子元件。最常见的开关是让人操作的机电设备，其中有一个或数个电子接点。接点的“闭合”表示电子接点导通，允许电流流过；开关的“开路”表示电子接点不导通形成开路，不允许电流流过。

1. 电工产品常用材料

名称	炼点
PC 料	PC 料又称防弹胶，学名为聚碳酸酯。具有强度高、抗冲击性好、抗老化的能力强、表面光洁细腻、抗紫外线照射、不易褪色、耐高温等特点
ABS 料	ABS 材料是由丙烯腈、丁二烯、苯乙烯共同组成的聚合材料。ABS 材料具有染色性好、阻燃性能好的特点，但是它韧性差、抗冲击能力弱、使用寿命短，长期使用产品表面会出现裂纹

（续）

名称	炼点
尼龙 66	尼龙是指聚酰胺类树脂构成的塑料，其可以分为尼龙 4、尼龙 6、尼龙 7、尼龙 66 等几种。尼龙 66 又称 PA66，是尼龙塑料中机械强度最高，但其有异味、硬度不足、阻燃性差
锡磷	锡磷青铜产品代号是 QSn6.5—0.1。6.5 表示锡含量是 6% ~7%，0.1 表示磷含量是 0.1% ~0.25%，Q 表示青铜，Sn 表示锡。该产品进行了抗氧化处理，载流件表面呈紫红色，具有耐腐蚀、耐磨损、强度高、导电性能好、不易发热、抗疲劳性强等特点 锡磷青铜 无铆接技术

2. 开关的构造

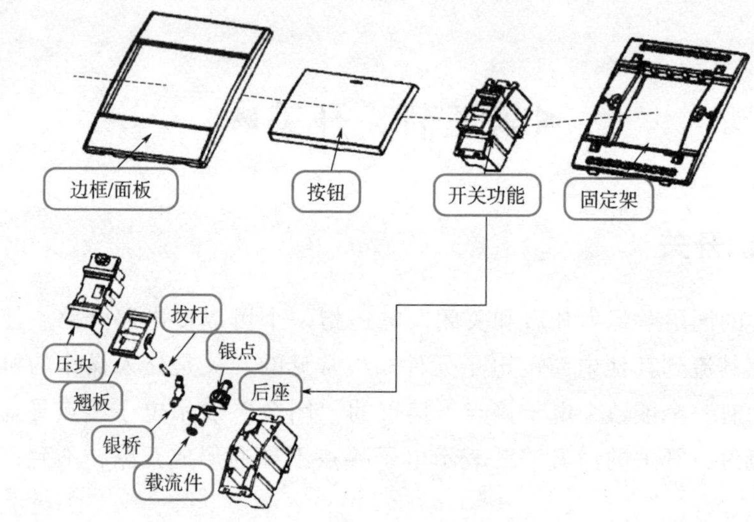

二、开关的分类

1. 86 型开关

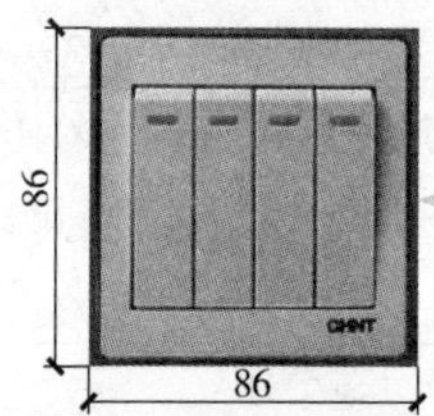

86型开关是装饰工程中最常见的一种开关，其外形尺寸为86mm×86mm，也因此而得名。86型开关是国际标准，许多国家都采用该类型的开关。

86型开关最多有4开。

2. 双控开关

双控开关能够实现两个地方控制一盏灯。例如卧室进门处一个双控开关，床头一个双控开关，两个开关通过电线连接后实现两地控制卧室灯。而单控开关只有一个地方控制一盏灯。

3. 单极开关

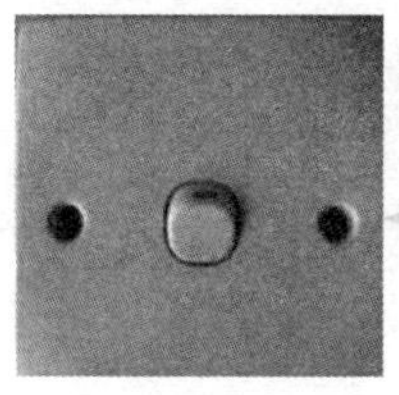

单极开关就是只分合一根导线的开关。单极开关完整称为单极单联开关。单级开关的级数指开关开断（闭合）电源的线数。家庭所用的照明控制开关一般都为单极开关。

4. 双极开关

双极开关就是两个翘板的开关，也称为双刀开关。双极开关控制两支路。对于照明电路来说，双极开关可以同时切断相线与中性线。双极开关完整称为双极单联开关。

5. 双开双控开关

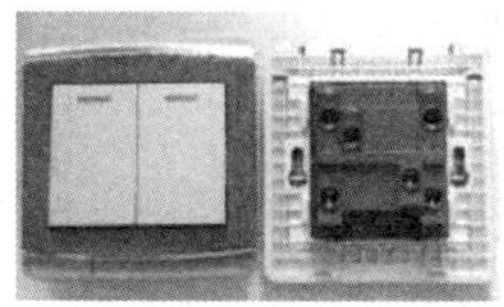

双开双控开关中的双开是指有2个独立开关，可以分别控制2个灯。也就是开或关都在同一开关上。

双开双控开关中的双控是指2组这样的配合可以互不影响地控制1个灯。也就是可任意在其中一个上实现开或关。

6. 调光开关

调光开关是指让灯具渐渐变亮与渐渐变暗，可以让灯具调节到相应亮度的一种开关。

7. 调光遥控开关

调光遥控开关是指在调节光功能的基础上可以配合遥控功能，实现一起操作的特点。

8. 触摸开关

触摸开关是一种只需要点触开关上的触摸屏即可实现所控制电路的接通与断开的开关。触摸开关的安装、接线与普通机械开关基本相同。

9. 自由组合开关

自由组合开关需要与相应配件配合使用，才能够实现自由组合。

自由组合可以为以后扩充提供方便，但是布管、布线需要预留空间。

10. 多位开关

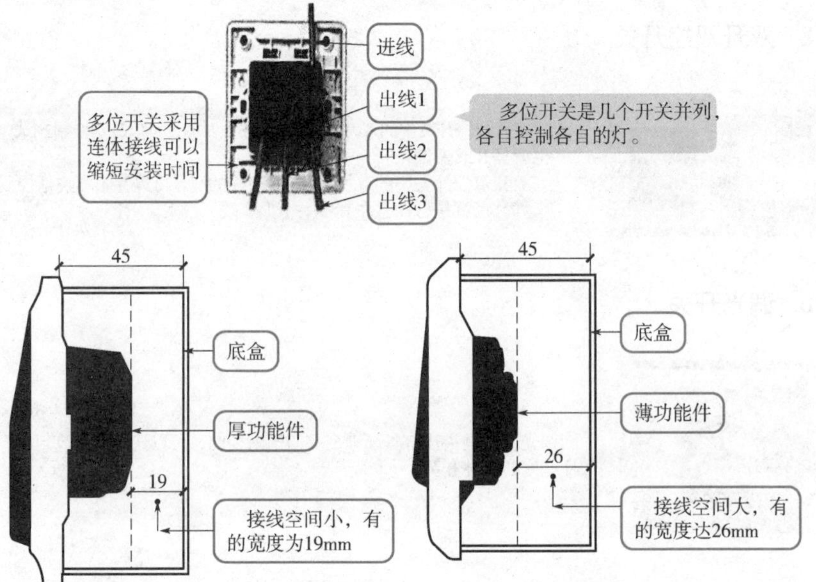

多位开关是几个开关并列，各自控制各自的灯。

三、开关连线图

1. 一开单控

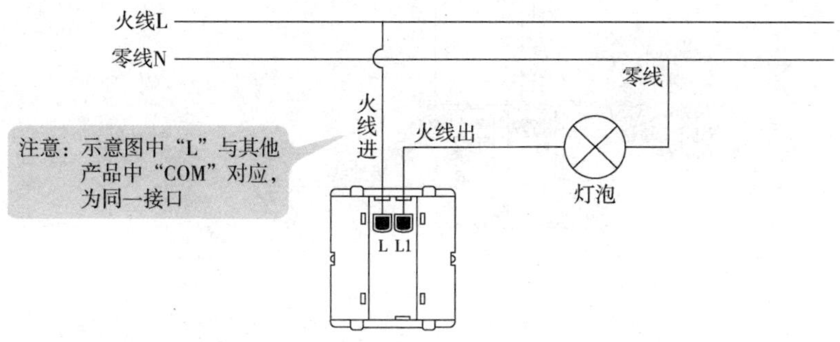

2. 二/三开连体单控

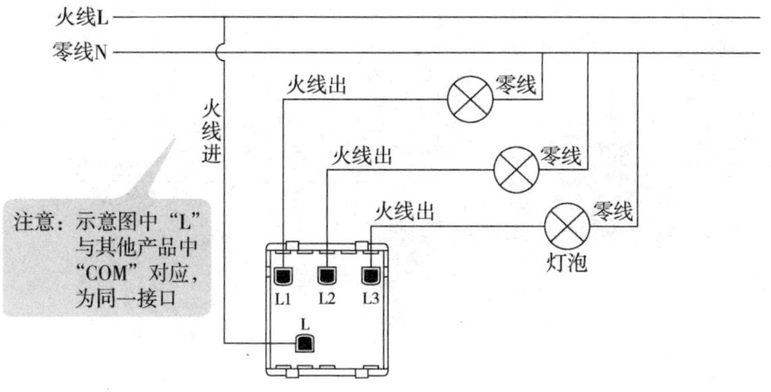

3. 四开连体单控开关

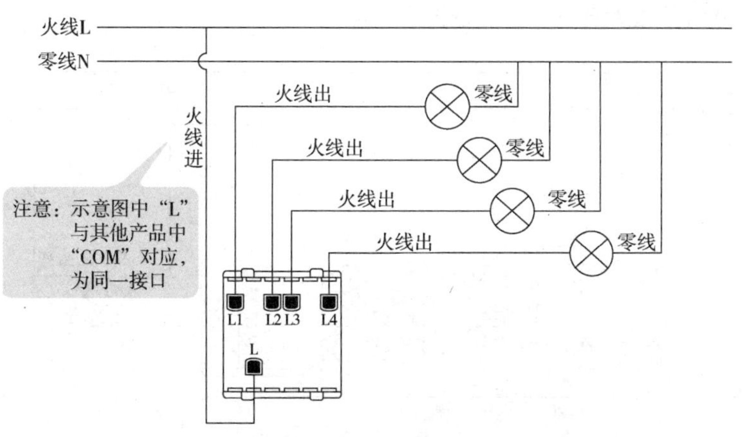

4. 一开五孔单控插座（开关控制插座）

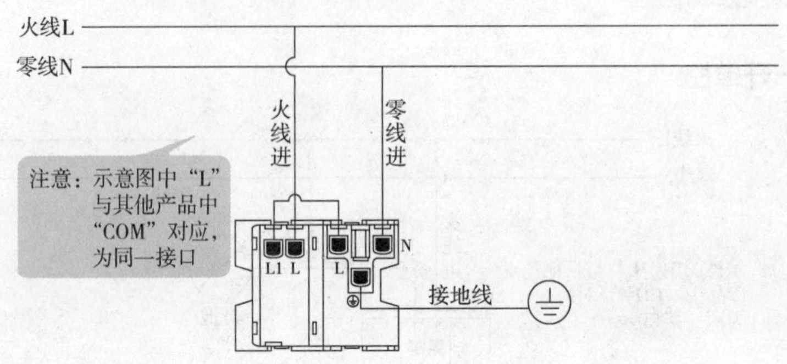

5. 二开五孔单控插座

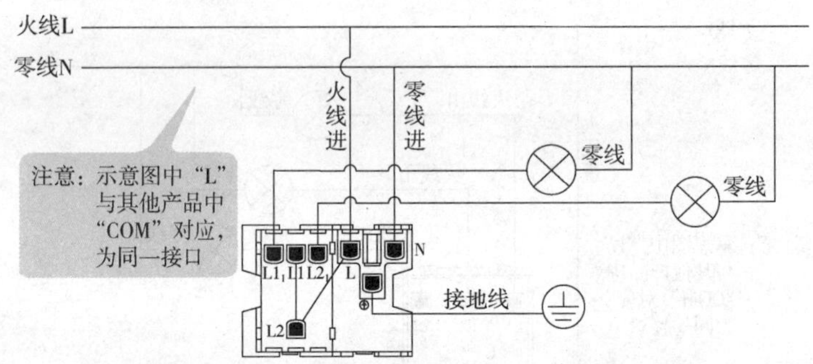

6. 双开双控开关（两开关控制一盏）

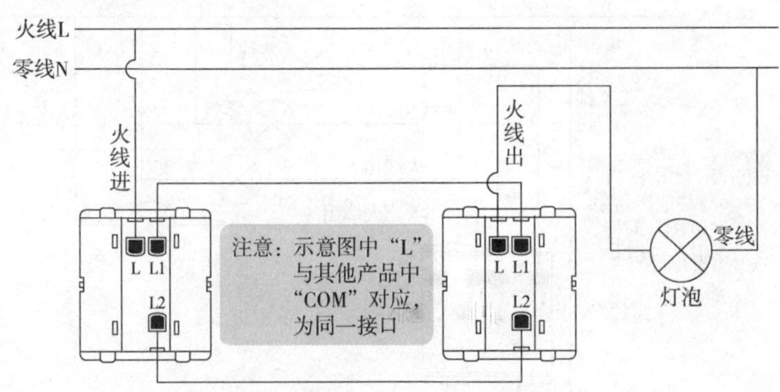

7. 二/三开单控开关

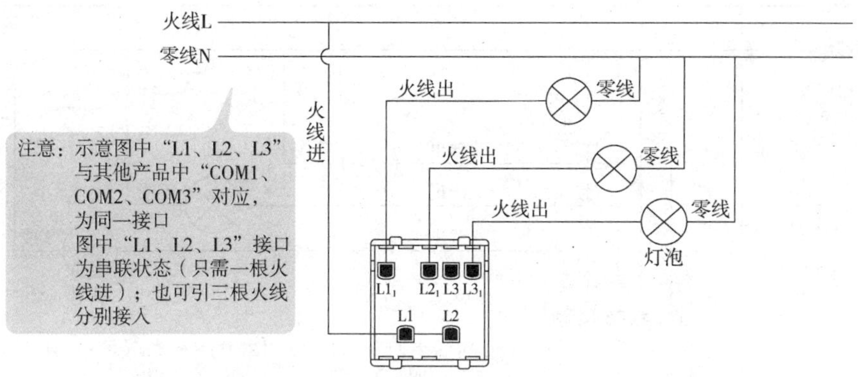

8. 四开单控开关

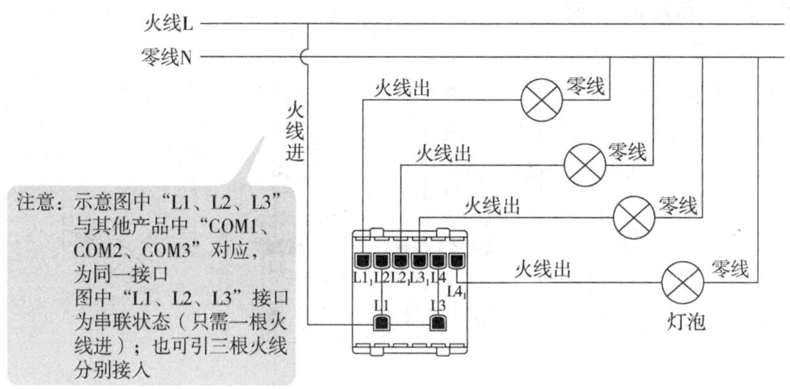

9. 开五孔单控插座开关不控制插座（开关控制灯泡）

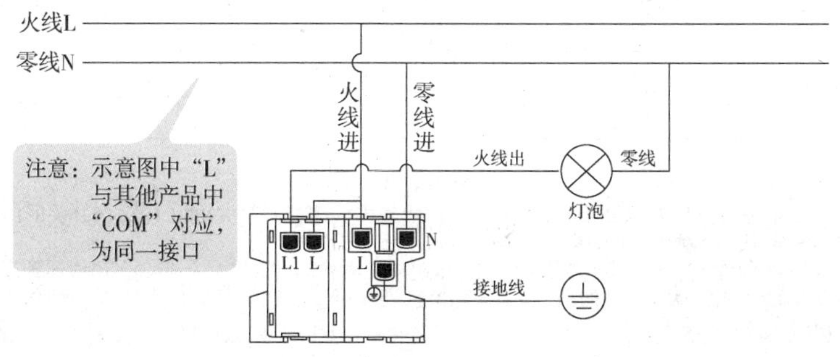

10. 二/三开双控开关（双控做单控用）

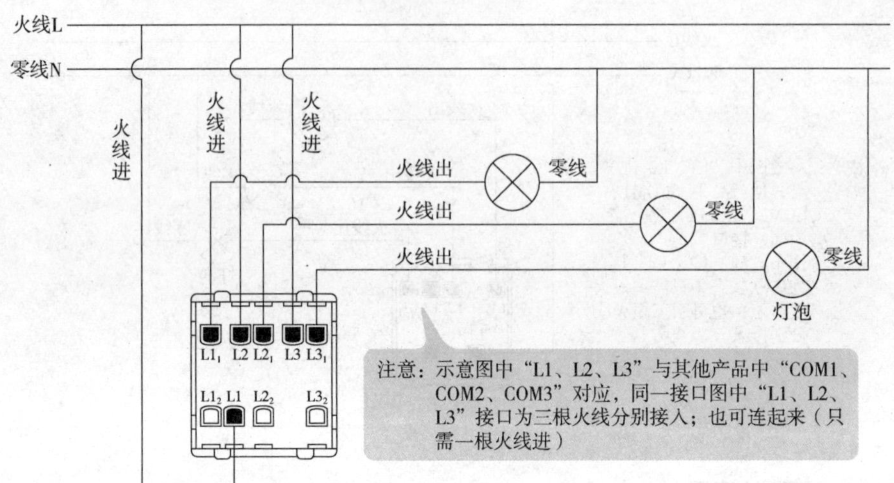

11. 一开多控制开关

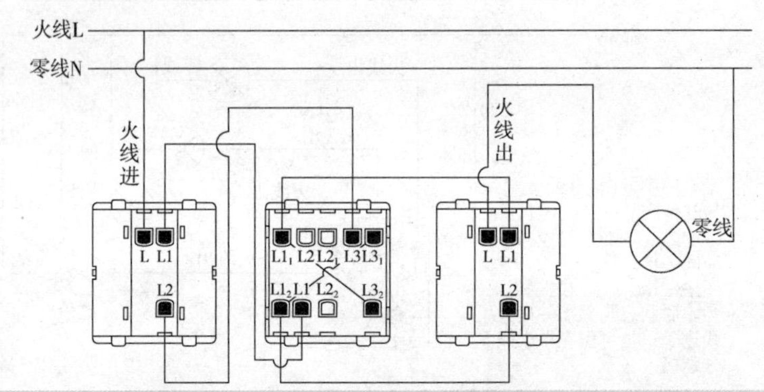

一开多控制开关接线示意图
（3个开关控制一盏灯）一开多控制开关与另外两个双控开关接线图

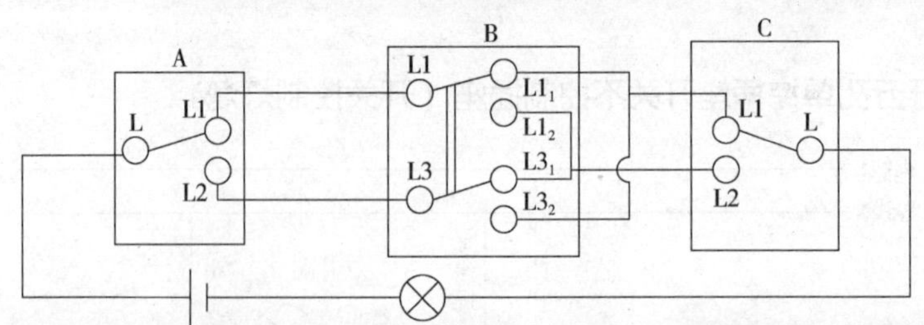

接线说明

火线先进双控开关A的L极，从A开关的L1出线连到多控制开关B的L1极，A开关的L2极出线连到多控制开关的L3极。

双控开关B的$L1_1$与$L3_2$串起来，$L1_2$与$L3_1$串起来。再从B开关的$L1_1$（或$L3_2$）出线连到双控开关的C的L1，从B开关的$L1_2$（或L3）出连线到C开关的L2，双控开关的L极出线作为灯泡的火线，就完成了。

12. 两开多控制开关

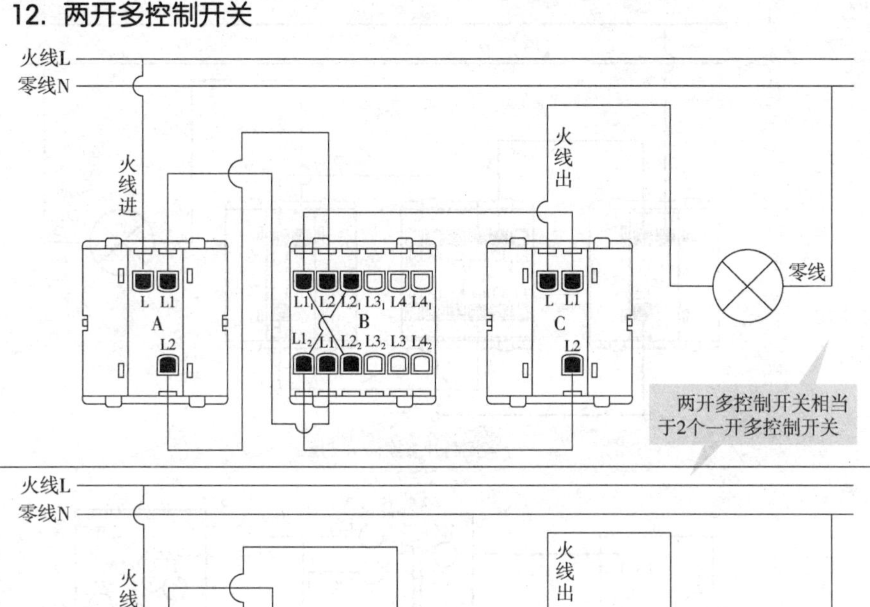

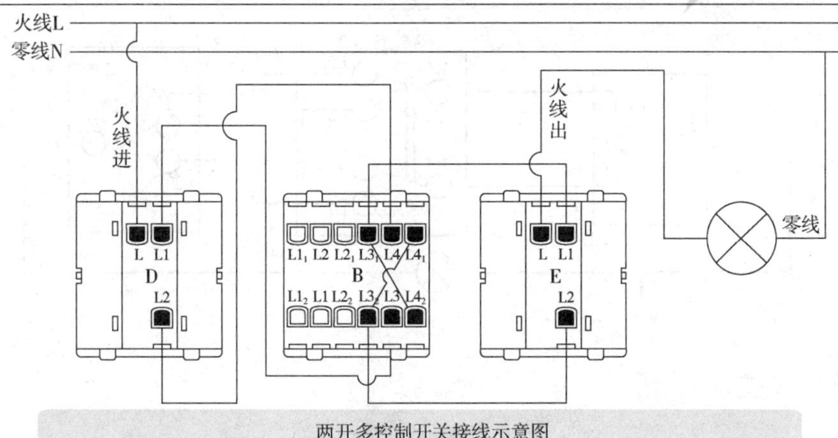

两开多控制开关接线示意图

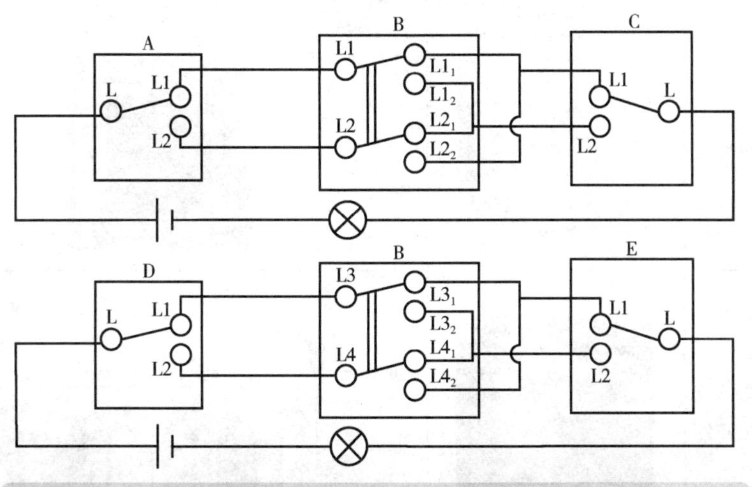

接线说明

两开多控制开关相当于2个一开多控制开关，（L1—$L1_1$—$L1_2$）与（L2—$L2_1$—$L2_2$）为一开多控制开关，（L3—$L3_1$—$L3_2$）与（L4—$L4_1$—$L4_2$）为一个多控制开关。

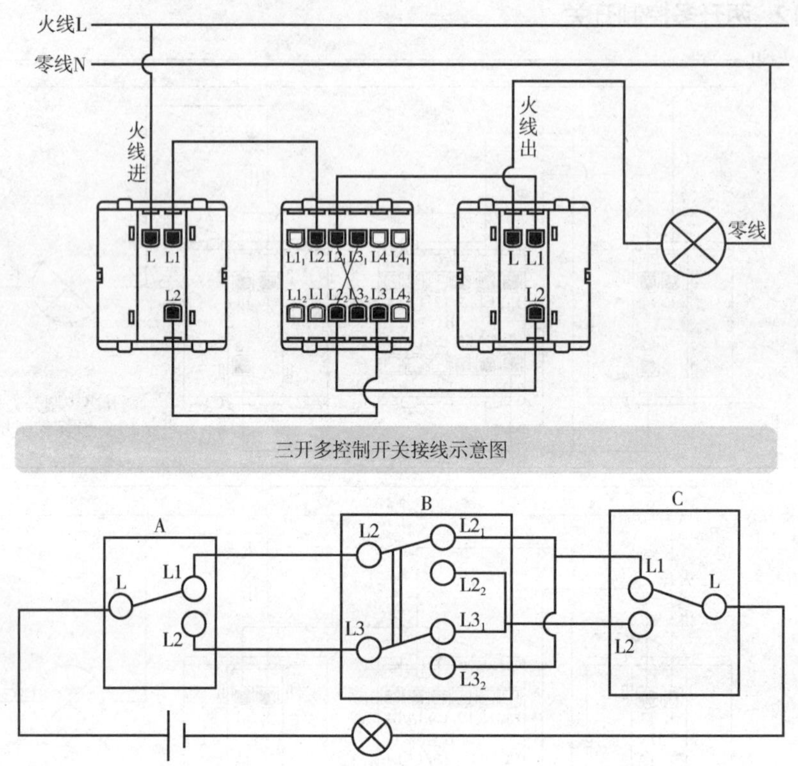

三开多控制开关接线示意图

四、开关正反面

名称	正面	反面
一开单控		
墙壁开关/荧光 一开双控开关		零线 火线 桥线 零线N 火线L

（续）

名称	正面	反面
触摸延时开关		
触摸延时开关指示灯	 指示灯	
二开单控开关		
声光控延时开关（消防）		

第四节 插座

一、插座分类

插座又称电源插座、开关插座。插座是指有一个或一个以上电路接线可插入的座，通过它可插入各种接线。这样便于与其他电路接通。通过线路与铜件之间的连接与断开，最终达到该部分电路的接通与断开。

家用的电源插座上最为常见的接线方法是“左零右火中地”。标有 L 标记的点是接火线的，N 标记的是接零线的，地线有个专门的接地符号。

1）根据插孔形状与要求插座可以分为二极扁圆插座、三极扁插座、三极方插座、五孔插座等。

插座与插头对照如下。

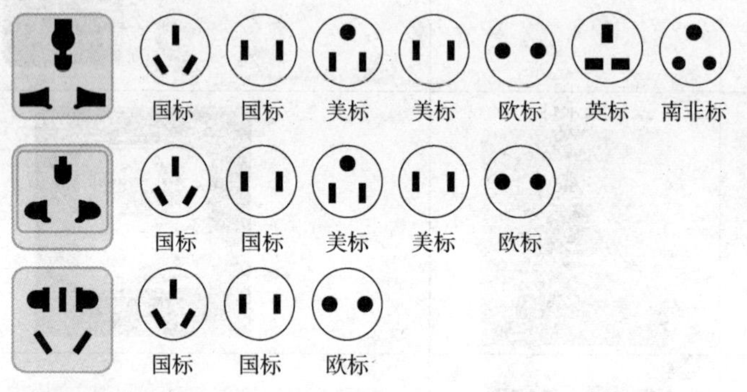

国标：中国、澳大利亚、新西兰等。

美标：美国、加拿大、日本等。

欧标：德国、丹麦、芬兰、法国、韩国等。

英标：英国、新加坡等。

南非标：南非、印度等。

2）根据负载插座可以分为 10A 二极圆扁插座、16A 三极插座、13A 带开关方脚插座、16A 带开关三极插座等。

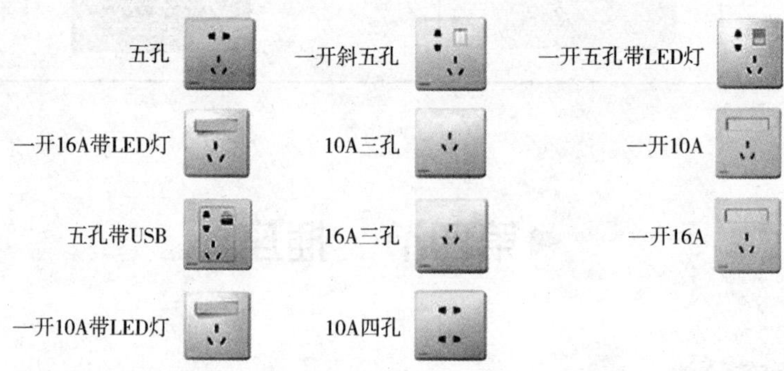

3）根据强电、弱电（强弱电是以人体的安全电压来区分的，36V 以上的电压称为强电，弱电是指 36V 以下的电压）分为弱电插座、强电插座。电话插座、计算机插座、网络数据插座属于弱电插座。

插座符号表

图形符号	说明	图形符号	说明
	单相插座		密闭（防水）带接地插孔的单相插座
	密闭（防水）单相插座		带接地插孔的三相插座
	带接地插孔的单相插座		密闭（防水）带接地插孔的三相插座
	暗装单相插座		带接地插孔的防爆单相插座
	防爆单相插座		带接地插孔的暗装三相插座
	带接地插孔的暗装单相插座		带接地插孔的防爆三相插座

二、插座的连线图

下面是一些插座的连线图，仅供参考。

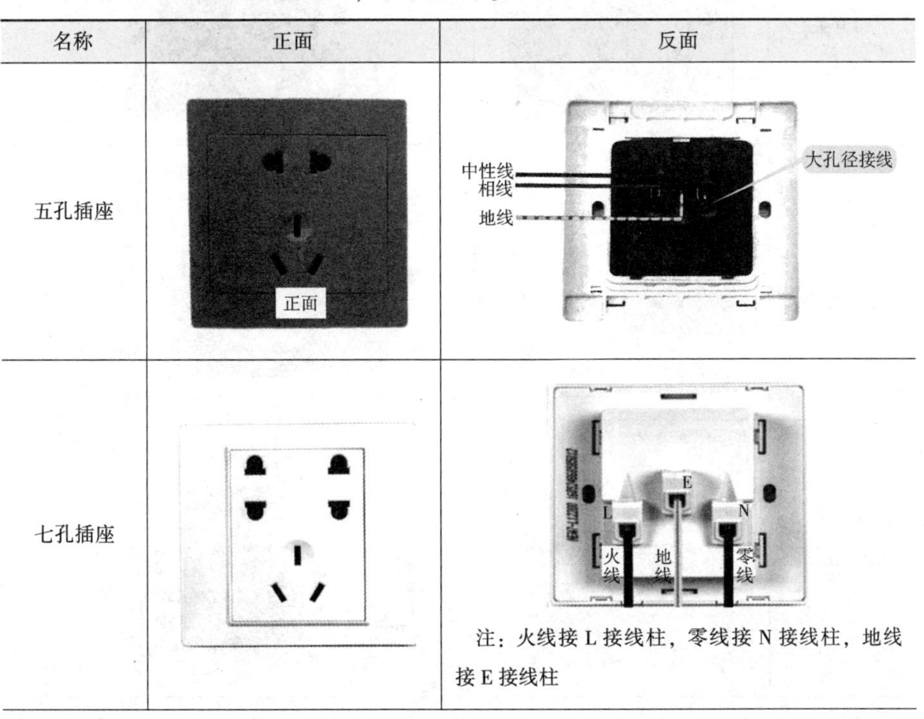

名称	正面	反面
五孔插座		
七孔插座		注：火线接 L 接线柱，零线接 N 接线柱，地线接 E 接线柱

（续）

名称	正面	反面
五孔多功能插座	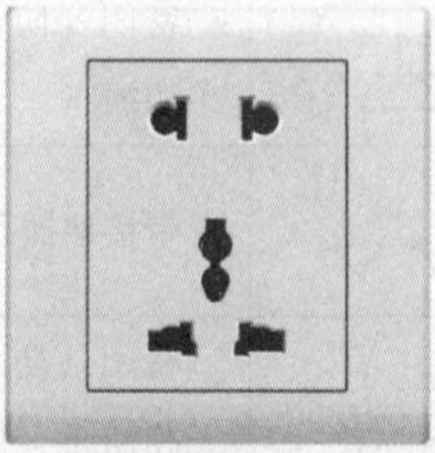	 L1 L 火线 地线 L N 零线
10A 三孔插座	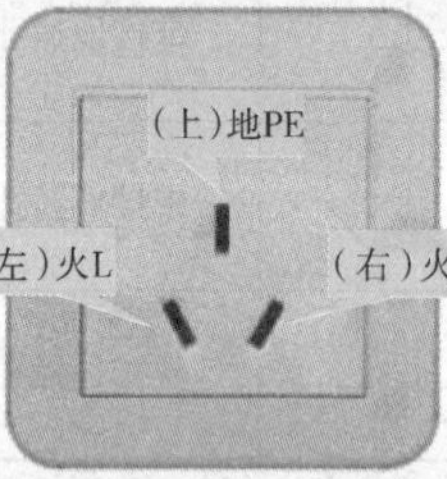 （上）地PE （左）火L （右）火L	
10A 三孔插座（带开关）		
20A 三孔柜机空调插座		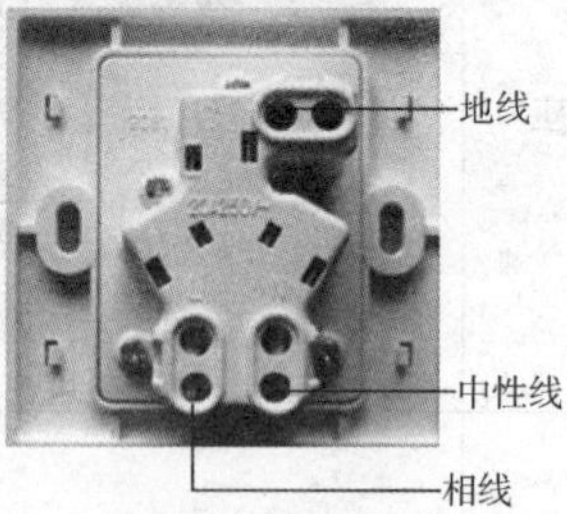 地线 中性线 相线
20A 三孔插座		 ⏚接地线 L接火线 N接零线

（续）

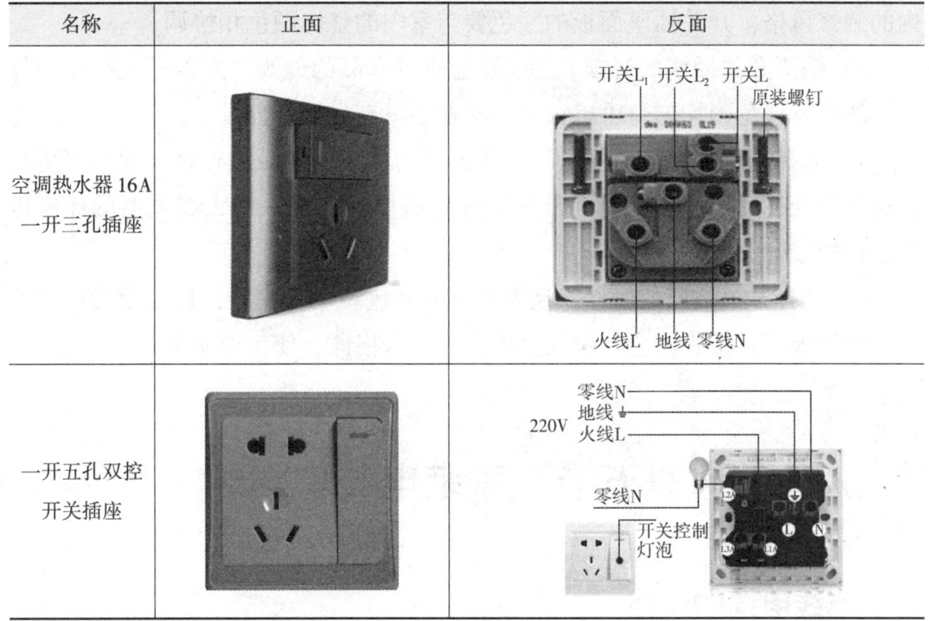

名称	正面	反面
空调热水器 16A 一开三孔插座		
一开五孔双控开关插座		

三、安装选择插座的技巧

1. 安装插座的注意事项

1）安装插座的时候，不要将插座安装在瓷砖的花片或者腰线上，如果要在瓷砖上开孔，尽量安装在瓷砖的正中央，它的边框不要比插座的底盒大太多，最好在 2mm 以内。

2）安装插座的时候，插座要高于地面 0.3m 以上，安装的插座最好选择带有保险档的安全插座，像浴室阳台等地方，最好选择配有防水盒的安装插座。

3）安装单相二眼插座的时候，如果孔眼是横排的，要遵守左零右火的原则，如果孔眼是竖排的，要根据上火下零的原则来安装。

4）安装插座的时候，要考虑到实用性，最好不要离床等家具太远，也不要让插座被家具遮住。安装插座要根据自己的生活习惯来设置，比如说大多用户都习惯右手开启，安装开关插座的时候，最好装在进门的左侧。

2. 开关插座的选择技巧

1）选择开关插座的时候，最好到正规场所购买。选择产品的时候，可以多选择一些品牌产品，通过各方面的比较，选择性价比高的产品。

2）如今市场上开关插座的款式很多，选择开关插座的时候，还要考虑室内的装修风格，开关插座面板的颜色要与室内的整体颜色相协调。

3）购买开关插座的时候，还要注意查看产品的外观，好的开关插座的外表光洁平滑，色彩均匀，手感很好，拿在手里有足够的分量。

4）选择开关插座的时候，可以根据使用的不同区域来选择，比如厨房可以选择带开关的插座，卫生间最好选择防溅插座，像一些大型电器的插座也可以选择带开关的插座等。

5）选择开关插座的时候，还要看它的外包装是否完整，包装上的厂家地址、电话等信息是否齐全，包装盒内有没有合格证、使用说明书等。

◀第五节　家装电线电缆▶

一、电线电缆的规格

电线规格通常用 mm^2 来表示，是指铜丝的横截面面积，根据导体结构的不同，电线分为单支导体硬线和多股绞合软线，对于多股绞合，电线的平方数是所有铜丝的截面面积之和。

电缆是用于传输电能、信息和实现电能转换的线材产品。

家装电线主要有 1.5mm^2、2.5mm^2 和 4mm^2 三种常用的规格，另外还有 6mm^2 和 10mm^2 的电线，主要用作进户主干线，在家装施工中几乎用不到。

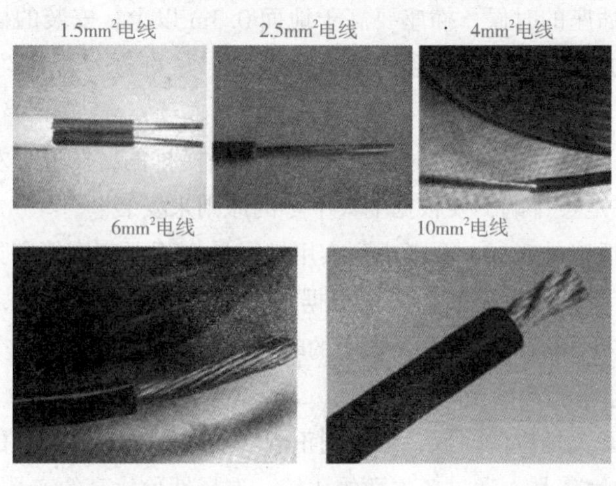

1.5mm² 线：主要用于灯具照明和开关线。

2.5mm² 线：主要用于插座电源及常见的普通电器上。

4mm² 线：主要用于电路主线和空调等大功率电器，因厨房电器比较多，而且用电量大，有时也会选择 4mm² 电线。

中性线可选颜色有黄、蓝、绿、白、黑几种
火线（相线）一般为红色
地线一般为双色线
家装中一般插座用单芯线截面为2.5mm²的电线
3 匹空调以上用的单芯线截面为4mm²
单芯线截面为6mm²的电线用于总进线，灯具照明用单芯线截面为1.5mm²的电线
电线通常每卷为100m

选择电线的规格的要求如下：

1）单芯电线截面面积 1.5mm²：家居灯具照明用线。

2）单芯电线截面面积 2.5mm²：家居插座用线。

3）单芯电线截面面积 4mm²：家居 3 匹以上空调用线。

4）单芯电线截面面积 6mm²：家居总进线用线。

5）二芯、三芯护套：家居明线，工地施工用线。

6）三芯护套电线 2.5mm² 电线：柜式空调用线。

照明线 BV1.5
电脑线 BV2.5
电视线 BV2.5
插座线 BV2.5
挂式空调 BV2.5
中央空调 BV4
热水器 BV4
进户总线 BV6

二、电线电缆的型号

1. 电缆代号含义

A—安装线；B—绝缘线；C—船用电缆；K—控制电缆；N—农用电缆；R—软线；U—矿用电缆；Y—移动电缆；JK—绝缘架空电缆；M—煤矿用；

ZR—阻燃型；NH—耐火型；ZA—A 级阻燃；ZB—B 级阻燃；ZC—C 级阻燃；WD—低烟无卤型；L—铝；T—铜；V—聚氯乙烯；X—橡胶；Y—聚乙烯；YJ—交联聚乙烯；Z—油浸纸；V—聚氯乙烯护套；Y—聚乙烯护套；L—铝护套；Q—铅护套；H—橡胶护套；F—氯丁橡胶护套；D—不滴流；F—分相；CY—充油；P—贫油干绝缘；P—屏蔽；Z—直流；B—扁平型；R—柔软；C—重型；Q—轻型；G—高压；H—电焊机用；S—双绞型；2—双钢带；3—细钢丝；4—粗钢丝；0—无；1—纤维外被；2—聚氯乙烯护套；3—聚乙烯护套。

阻燃电缆在代号前加 ZR；耐火电缆在代号前加 NH；防火电缆在代号前加 DH。

2. 电线型号

单支导体硬线有 WDZ-BYJ 和 BV 两种型号，多股绞合软线有 WDZ-BYJ、BVR、RV 三种型号。

WDZ-BYJ：低烟无卤交联聚烯烃电线（根据导体结果不同，分为硬线和软线）。

BV：PVC 电线，只有一根铜线的单芯线，比较硬。

BVR：PVC 电线，好多股铜丝绞在一起的单芯线，较软。

RV：PVC 电线，更多股铜丝绞在一起的单芯线，极软。

字母 B 代表的含义是布线用电线，字母 V 代表绝缘材料聚氯乙烯，字母 R 代表的含义是软。

单支导体硬线和多股绞合软线都是单芯线，另外还有一种多芯线，也称为护套线，护套线有 BVVB、RVV 两种型号：

BVVB：硬护套线，两根或者三根 BV 线用护套套在一起。

RVV：软护套线，两个三根或者四根 RV 线用护套套在一起。

三、电线的好坏

1. 看截面面积

同一规格的店里都有卡标和不卡标的电线，比如同样标的是 2.5mm^2 电线，卡标肯定是 2.5mm^2，不卡标的肯定要细，价格肯定要低很多。不卡标线都是一些小厂家生产的三无产品或假冒伪劣产品。

2. 看铜质

合格的铜芯电线，铜芯应该是紫红色、有光泽、手感软。而伪劣的铜芯线铜芯为紫黑色、偏黄或偏白，杂质多，机械强度差，韧性不佳，稍用力即会折断，而且电线内常有断线现象。检查时，只要把电线一头剥开2cm，然后用一张白纸在铜芯上稍微搓一下，如果白纸上有黑色物质，说明铜芯里杂质比较多。另外，伪劣电线绝缘层看上去很厚实，实际上大多是用再生塑料制成，时间一长，绝缘层会老化而发生漏电。

3. 看价格

电线价格是不固定的，商家报价都是根据铜期货价格来定价的，也就是说价格非常透明，如果在买电线询价过程中某个商家报的价格非常低，那很有可能是伪劣产品，切莫贪图便宜。

4. 看线皮

伪劣电线用力一扯线皮就容易断，线皮没有光泽，掺杂质回收料比较多。

5. 看厂家

假冒伪劣电线往往是“三无产品”，但上面却也有模棱两可的产地等标识，如中国制造、中国某省或某市制造等，这实际等于未标产地。

6. 看质量

质量好的电线，一般都在规定的质量范围内。如常用的截面面积为1.5mm^{2}的塑料绝缘单股铜芯线，每100m质量为1.8～1.9kg；2.5mm^{2}的塑料绝缘单股铜芯线，每100m质量为2.8～3.0kg；4.0mm^{2}的塑料绝缘单股铜芯线，每100m质量为4.1～4.2kg。质量差的电线质量不足，要么长度不够，要么电线铜芯杂质过多。

四、安装电线电缆七项注意事项

1）安装电线的施工人员应是经过专门训练合格的电工。

2）普通的电力电缆限于空敷设或埋于大自然灌溉的土壤条件下，不适用于深海电缆或敷设于浸水环境（须专门设计）。

3）对于塑料绝缘电缆，安装时的环境温度不宜低于0℃，只有当电缆和环境温度均在0℃以上后才能进行安装。

4）电缆应尽可能远离锅炉、热管、电阻器等热源，否则电缆有因加热而损毁的危险。

5）安装前及安装中应采取措施以防止电缆遭到机械损害。

6）电缆穿管敷设，应使用尺寸适合的管道。

7）直接埋在地下的电缆，一般选择铠装电缆，根据土壤酸碱性不同，可自由选择合适的电缆。

五、储存、运送

1）当电缆无法马上敷设而进行储存时应将其摆放在干燥、通风的地方。

2）电缆盘是不容许平卧摆放的。

3）为防止电缆受潮，电缆两侧的封帽只能在安装电缆时才能取下，当封帽取下后，电缆两侧不应曝露在潮气中。

4）在储存、运送时，留意防止水分浸入电缆线芯，在导体内及绝缘外层有水存在时会造成电缆老化。

5）电缆运送应由熟悉电缆性能和安装的专业人员兼任，禁止运送时将电缆盘平放，以免压伤电缆。

6）滑动电缆盘时应按电缆外头相反方向滑动。

第四章　家装水电识图

第一节　装修施工常用的图样

一、平面布置图

平面布置图是假想用一水平的剖切平面，沿需装饰的房间门窗洞口处做水平全剖切，移去上面部分，对剩下部分所做的水平正投影图。

平面布置图的比例一般采用1:100、1:50，内容比较少时采用1:200。剖切到的墙、柱等结构体的轮廓用粗实线表示，其他内容均用细实线表示。

平面布置图内容：

1）图上尺寸内容有三种：一是建筑结构体的尺寸；二是装饰布局和装饰结构的尺寸；三是家具、设备等尺寸。

2）表明装饰结构的平面布置、具体形状及尺寸，表明饰面的材料和工艺要求。

3）室内家具、设备、陈设、织物、绿化的摆放位置及说明。

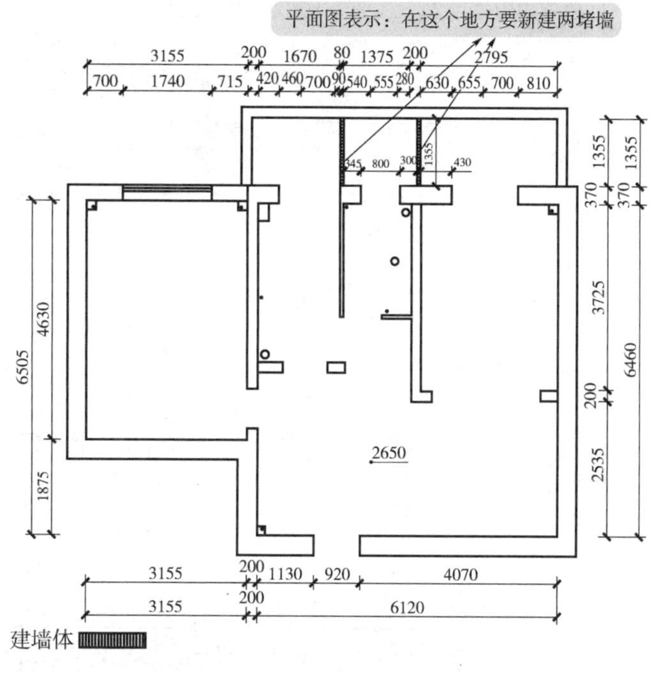

施工平面布置图1

4）表明门窗的开启方式及尺寸。

5）画出各面墙的立面投影符号（或剖切符号）。

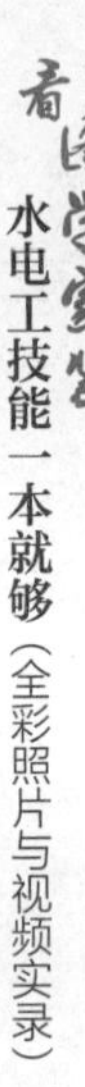

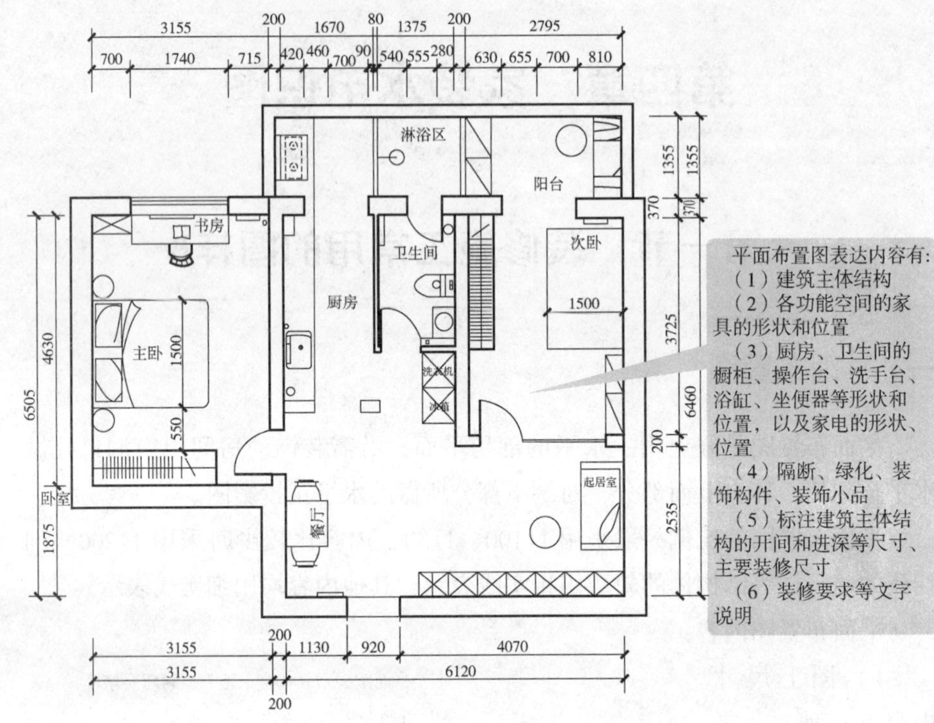

平面布置图表达内容有：
（1）建筑主体结构
（2）各功能空间的家具的形状和位置
（3）厨房、卫生间的橱柜、操作台、洗手台、浴缸、坐便器等形状和位置，以及家电的形状、位置
（4）隔断、绿化、装饰构件、装饰小品
（5）标注建筑主体结构的开间和进深等尺寸、主要装修尺寸
（6）装修要求等文字说明

施工平面布置图 2

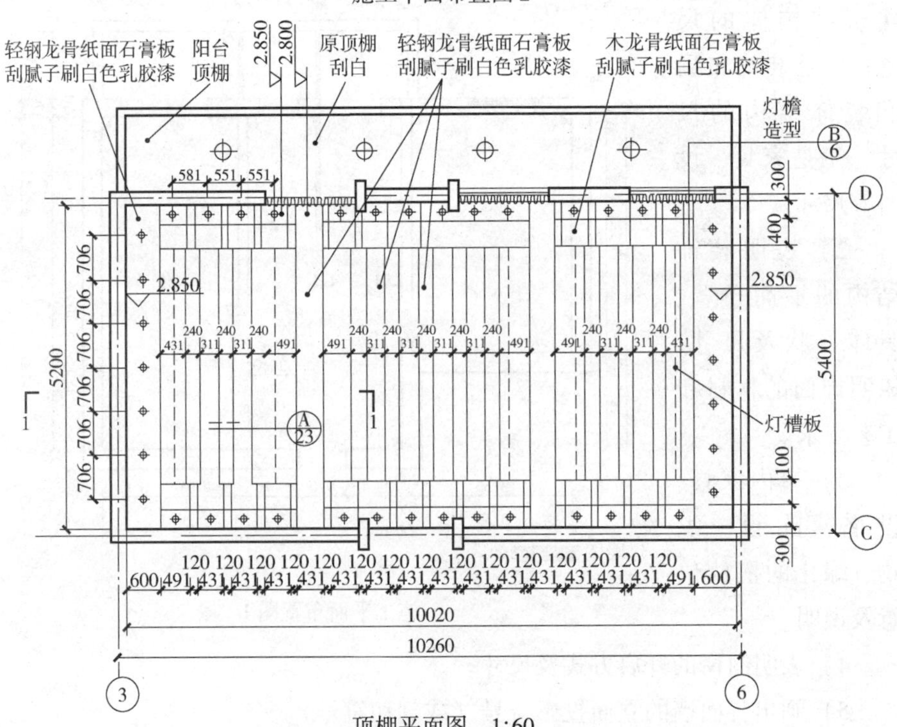

顶棚平面图　1:60

顶棚平面图内容

顶棚平面图用于反映房间顶面的形状、装饰做法及所属设备的位置、尺寸等内容。

反映顶棚范围内的装饰造型及尺寸。

反映顶棚所用的材料规格、灯具灯饰、空调风口及消防报警等装饰内容及设备的位置等。

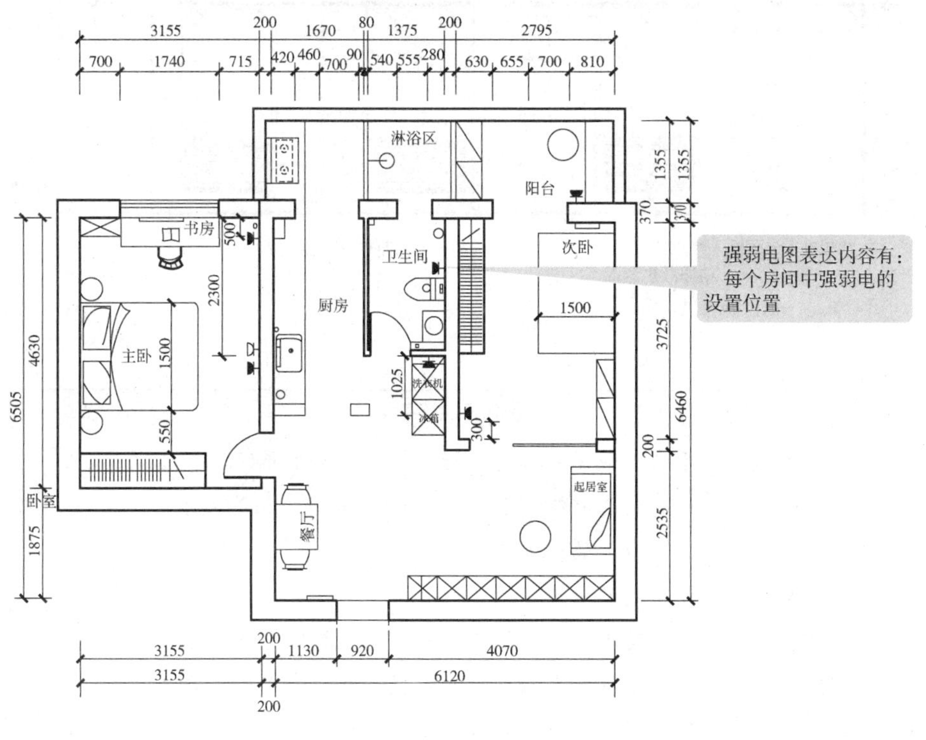

强弱电图

二、立面布置图

1. 立面图的介绍

将建筑物装饰的外观墙面或内部墙面向铅直的投影面所做的正投影图就是装饰立面图。图上主要反映墙面的装饰造型、饰面处理，以及剖切到的顶棚的断面形状、投影到的灯具或风管等内容。装饰立面图所用比例为1:100、1:50或1:25。室内墙面的装饰立面图一般选用较大比例，为1:80。

2. 立面图的图示内容与作用

（1）图示内容　用粗实线绘制该空间的周边一圈断面轮廓线，即内墙面、地面、顶棚等的轮廓；用细实线绘制室内家具、陈设、壁挂等的立面轮廓；标注该空间相关轴线、尺寸、标高和文字说明。

（2）作用　可进行墙面装饰施工和墙面装饰物的布置等工作。

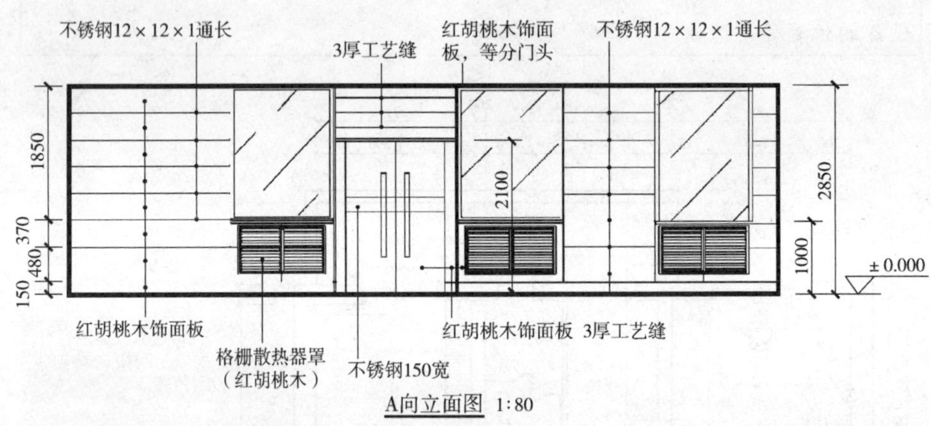

A向立面图　1:80

图示内容

在图中用相对于本层地面的标高，标注地台、踏步等的位置尺寸。
顶棚面的距地标高及其叠级（凸出或凹进）造型的相关尺寸。
墙面造型的样式及饰面的处理。
墙面与顶棚面相交处的收边做法。
门窗的位置、形式及墙面、顶棚面上的灯具及其他设备。
固定家具、壁灯、挂画等在墙面中的位置、立面形式和主要尺寸。
墙面装饰的长度及范围，以及相应的定位轴线符号、剖切符号等。
建筑结构的主要轮廓及材料图例。

第二节　施工图的识读

一、立面图的识读

1）识读图名、比例：与装饰平面图进行对照，明确视图投影关系和视图位置。

2）与装饰平面图进行对照识读，了解室内家具、陈设、壁挂等的立面造型。

3）根据图中尺寸、文字说明，了解室内家具、陈设、壁挂等规格尺寸、位置尺寸、装饰材料和工艺要求。

4）了解内墙面的装饰造型的式样、饰面材料、色彩和工艺要求。

5）了解顶棚的断面形式和高度尺寸。

6）注意详图索引符号。

二、展开立面图的识读

为了能让人们通过一个图样就能了解一个房间所有墙面的装饰内容，可以绘制内墙展开立面图。

绘制内墙展开立面图时，用粗实线绘制连续的墙面外轮廓、面与面转折的阴角线、内墙面、地面、顶棚等的轮廓，然后用细实线绘制室内家具、陈设、壁挂等的立面轮廓；为了区别墙面位置，在图的两端和墙阴角处标注与平面图一致的轴线编号；另外还标注相关的尺寸、标高和文字说明。

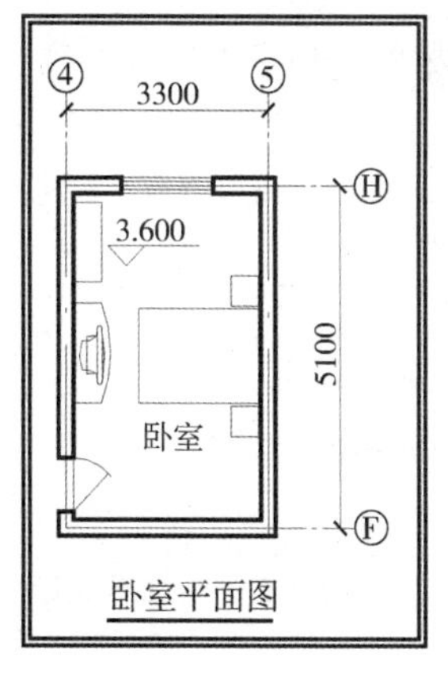

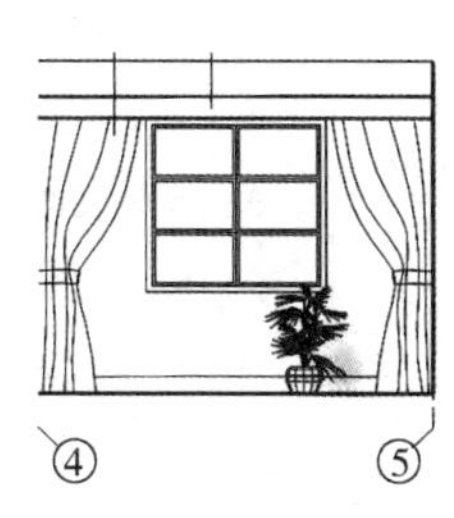

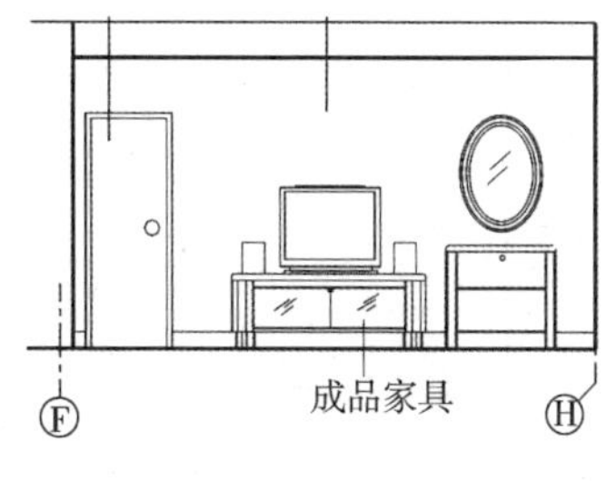

三、详图的识读

1）应首先根据图名，在平面图、立面图中找到相应的剖切符号或索引符号，弄清楚剖切或索引的位置及视图投影方向。

2）在详图中了解有关构件、配件和装饰面的连接形式、材料、截面形状和尺寸等内容。

◀第三节　装修常用图例▶

一、建筑室内装饰装修设计基本知识

1. 常用线型

建筑室内装饰装修设计图可采用的线型包括实线、虚线、单点长画线、折断线、波浪线、点线、样条曲线、云线等，各线型应符合下表的规定。

名称		线型	线宽	一般用途
实线	粗	——	b	1）平、剖面图中被剖切的主要建筑构造和装饰装修构造的轮廓线 2）建筑室内装饰装修立面图的外轮廓线 3）建筑室内装饰装修构造详图中被剖切的轮廓线 4）建筑室内装饰装修详图中的外轮廓线 5）平、立、剖面图的剖切符号 （注：地坪线线宽可用1.5b，图名线线宽可用2b）
	中	——	0.5b	平面图、剖立面图中除被剖切轮廓线外的可见物体轮廓线
	细	——	0.25b	图形和图例的填充线、尺寸线、尺寸界线、索引符号、标高符号、引出线等
虚线	中	— — — —	0.5b	1）表示被遮挡部分的轮廓线 2）表示平面中上部的投影轮廓线 3）预想放置的建筑或装修的构件 4）运动轨迹
	细	— — — —	0.25b	表示内容与中虚线相同，适合小于0.5b的不可见轮廓线
单点长画线		—·—·—	0.25b	中心线、对称线、定位轴线
折断线		——\\/——	0.25b	不需要画全的断开界线
波浪线		～～～	0.25b	1）不需要画全的断开界线 2）构造层次的断开界线
点线		········	0.25b	制图需要的辅助线
样条曲线		∽	0.25b	1）不需要画全的断开界线 2）制图需要的引出线

2. 线宽组

线宽比	线宽组/mm			
b	1.0	0.7	0.5	0.35
$0.75b$	0.75	0.53	0.38	0.26
$0.5b$	0.5	0.35	0.25	0.18
$0.3b$	0.3	0.21	0.15	0.11
$0.25b$	0.25	0.18	0.13	0.09
$0.2b$	0.2	0.14	0.1	0.07

注：同一张图样内，各个不同线宽组中的细线，可统一采用较细的线宽组细线。

3. 比例

比例宜注写在图名的右侧或右侧下方，字的基准线应取平。比例的字高宜比图名的字高小一号或二号。

平面图 1:50　　平面图 1:50　　平面图 1:50　　平面图 scale 1:50

a）　　b）　　c）　　d）

比例的注写

常用及可用的图样比例

常用比例	1:1、1:2、1:5、1:10、1:20、1:25、1:50、1:75、1:100、1:150、1:200、1:250
可用比例	1:3、1:4、1:6、1:8、1:15、1:30、1:35、1:40、1:60、1:70、1:80、1:120、1:300、1:400、1:500

各部位常用图样比例

比例	部位	图样内容
1:200～1:100	总平面、总顶棚平面	总平面布置图、总顶棚平面布置图
1:100～1:50	局部平面、局部顶棚平面	局部平面布置图、局部顶棚平面布置图
1:100～1:50	不复杂的立面	立面图、剖面图
1:50～1:30	较复杂的立面	立面图、剖面图
1:30～1:10	复杂的立面	立面放样图、剖面图
1:10～1:1	平面及立面中需要详细表示的部位	详图

二、建筑室内装饰装修设计中的各类符号

1. 索引符号

1）表示室内立面在平面上的位置及立面图所在页码，应在平面图上使用

立面索引符号，如下图所示。

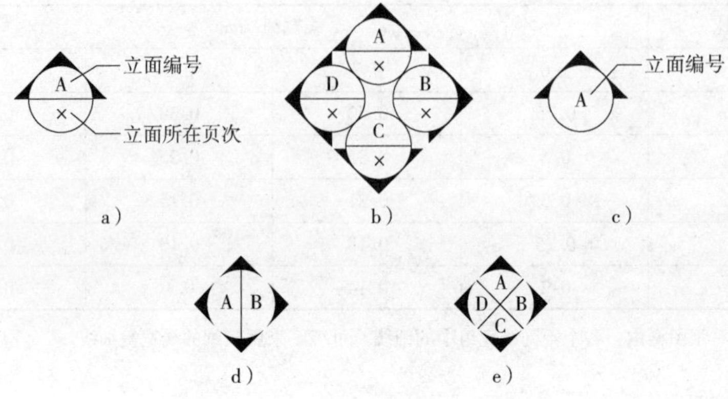

立面索引符号

2）表示剖切面在各界面上的位置及图样所在页码，应在被索引的界面图样上使用剖切索引符号，如下图所示。

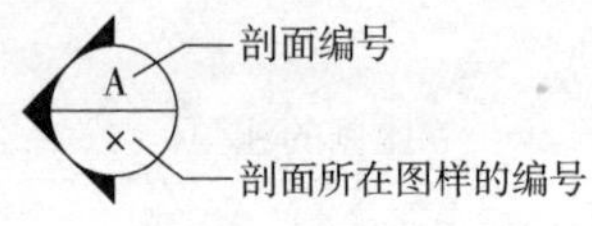

剖切索引符号

3）表示局部放大图样在原图上的位置及本图样所在页码，应在被索引图样上使用详图索引符号，如下图所示。

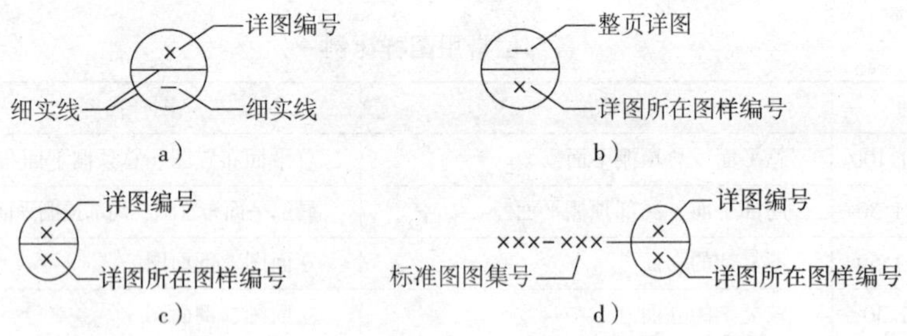

详图索引符号

a）本页索引方式　b）整页索引方式

c）不同页索引方式　d）标准图索引方式

4）表示各类设备（含设备、设施、家具、灯具等）的品种及对应的编号，应在图样上使用设备索引符号，如下图所示。

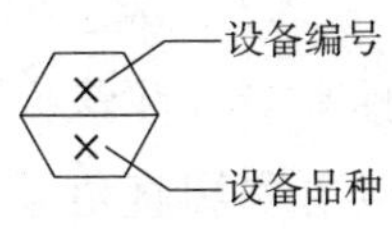

设备索引符号

2. 引出线

引出线起止符号可采用圆点绘制，也可采用箭头绘制（图）。起止符号的大小应与本图样尺寸的比例相一致。

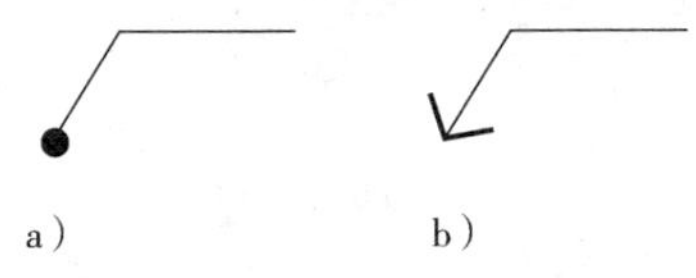

引出线起止符号

多层构造或多个部位共用引出线，应通过被引出的各层或各部分，并以引出线起止符号指出相应位置。引出线上的文字说明应符合现行国家标准《房屋建筑制图统一标准》GB/T 50001 的规定。

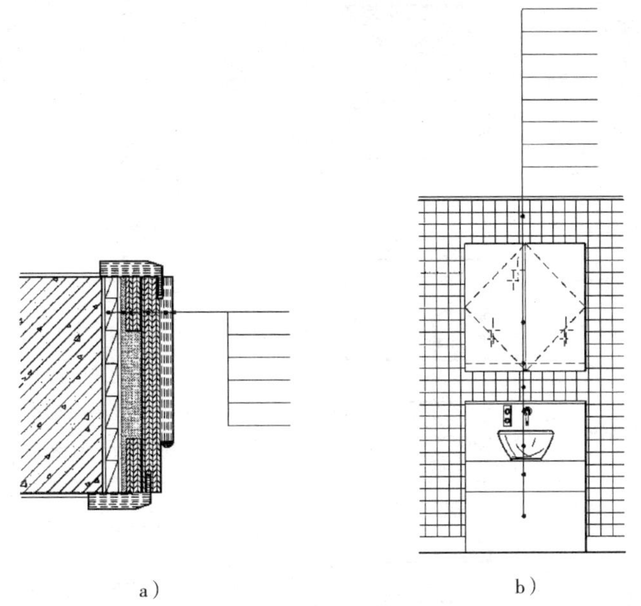

共用引出线示意图

a）多层构造共用引出线　b）多个部位共用引出线

3. 标高

建筑室内装饰装修设计的标高应标注该设计空间的相对标高，以楼地面装饰完成面为 ±0.00。标高符号可采用直角等腰三角形表示，也可采用涂黑的三角形或 90°对顶角的圆。

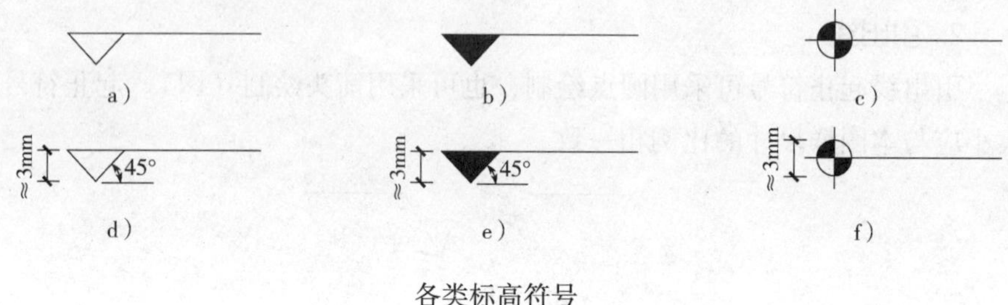

各类标高符号

三、常用建筑装饰装修材料和设备图例

常用建筑装饰装修材料图例表

序号	名称	图例	备注
1	夯实土壤		—
2	砂砾石、碎砖三合土		—
3	大理石		—
4	毛石		必要时注明石料块面大小及品种
5	普通砖		包括实心砖、多孔砖、砌块等砌体。断面较窄不易绘出图例线时，可涂黑
6	轻质砌块砖		是指非承重砖砌体
7	轻钢龙骨纸面石膏板隔墙		注明隔墙厚度
8	饰面砖		包括铺地砖、陶瓷锦砖等

（续）

序号	名称	图例	备注
9	混凝土		1）是指能承重的混凝土及钢筋混凝土 2）各种强度等级、骨料、添加剂的混凝土 3）在剖面图上画出钢筋时，不画图例线 4）断面图形小，不易画出图例线时，可涂黑
10	钢筋混凝土		
11	多孔材料		包括水泥珍珠岩、沥青珍珠岩、泡沫混凝土、非承重加气混凝土、软木、蛭石制品等
12	纤维材料		包括矿棉、岩棉、玻璃棉、麻丝、木丝板、纤维板等
13	泡沫塑料材料		包括聚苯乙烯、聚乙烯、聚氨酯等多孔聚合物类材料
14	密度板		注明厚度
15	实木		1）上图为垫木、木砖或木龙骨，表面为粗加工 2）下图木制品表面为细加工 3）所有木制品在立面图中能见到细纹的，均可采用下图例
16	塑料		包括各种软、硬塑料及有机玻璃等，应注明厚度
17	胶		应注明胶的种类、颜色等
18	地毯		为地毯剖面，应注明种类
19	防水材料		构造层次多或比例大时，应采用上图
20	粉刷		采用较稀的点
21	窗帘		箭头所示为开启方向

建筑构造、装饰构造、配件图例表

序号	名称	图例	备注
1	检查孔		左图为明装检查孔 右图为暗藏式检查孔
2	孔洞		—
3	门洞	h= w=	h 为门洞高度 w 为门洞宽度

给水排水图例

序号	名称	图例	序号	名称	图例
1	生活给水管	—— J ——	8	方形地漏	
2	热水给水管	—— RJ ——	9	带洗衣机插口地漏	
3	热水回水管	—— RH ——	10	毛发聚集器	平面　系统
4	中水给水管	—— ZJ ——	11	存水湾	
5	排水明沟	坡向 →	12	闸阀	
6	排水暗沟	坡向 →	13	角阀	
7	通气帽	成品　钢丝球	14	截止闸	

灯光照明图例

序号	名称	图例	序号	名称	图例
1	艺术吊灯		8	格栅射灯	
2	吸顶灯		9	300mm×1200mm 荧光灯盘 荧光灯管以虚线表示	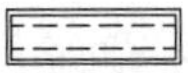
3	射墙灯		10	600mm×600mm 荧光灯盘 荧光灯管以虚线表示	
4	冷光筒灯		11	暗灯槽	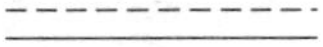
5	暖光筒灯		12	壁灯	
6	射灯		13	水下灯	
7	轨道射灯		14	踏步灯	

消防、空调、弱电图例

序号	名称	图例	序号	名称	图例
1	条形风口	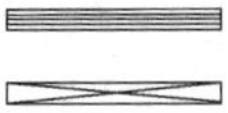	9	电视器件箱	
2	回风口	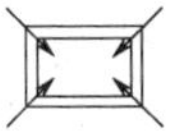	10	电视接口	TV
3	出风口		11	卫星电视出线座	SV
4	排气扇		12	音响出线盒	M
5	消防出口	EXIT	13	音响系统分线盒	M
6	消火栓	HR	14	计算机分线箱	HUB
7	喷淋		15	红外双鉴探头	
8	侧喷淋		16	扬声器	

开关、插座图例

序号	名称	图例	序号	名称	图例
1	插座面板（正立面）		13	带开关防溅二三极插座	
2	电话接口（正立面）		14	三相四极插座	
3	电视接口（正立面）		15	单联单控翘板开关	
4	单联开关（正立面）		16	双联单控翘板开关	
5	双联开关（正立面）		17	三联单控翘板开关	
6	三联开关（正立面）		18	四联单控翘板开关	
7	四联开关（正立面）		19	声控开关	
8	地插座（平面）		20	单联双控翘板开关	
9	二极扁圆插座		21	双联双控翘板开关	
10	二三极扁圆插座		22	三联双控翘板开关	
11	二三极扁圆地插座		23	四联双控翘板开关	
12	带开关二三极插座		24	配电箱	

四、室内装饰平面图常用图例

名称	图例	名称	图例	名称	图例
双人床		浴盆		灶具	
单人床		蹲便器		洗衣机	W
沙发		坐便器		空调器	ACU
凳、椅		洗手盆		吊扇	
桌、茶几		洗菜盆		电视机	
地毯		拖布池		花卉、树木	
衣橱		淋浴器		地漏	%
吊柜		帷幔		壁灯	

第五章　住宅电路设计

◀第一节　供电系统的选择▶

一、低压供电系统的种类

1. TN 系统

采用该系统，当相线碰触用电设备的金属外壳时，回路处于短路状态，使过电流装置动作（如熔丝熔断、断路器跳闸），并切断电路。TN 系统三种类型比较如下。

（1）TN-C　在整个系统中，中性线 N（即工作零线）和保护零线 PE 是合用的（简称 PEN），下图中，设备金属外壳和用电设备是以三相型金属外壳式画的，而实际供给每个家庭的多数是单相电源。过去，城市住宅配电普遍使用这种系统。

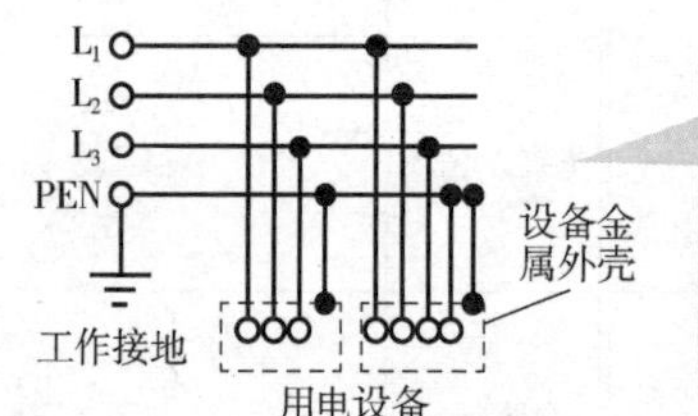

该配电系统的主要问题是：

在一般情况下，如选用适当的保护装置和足够的导线截面，该系统能达到安全要求。但当三相负荷不平衡或仅有单相用电设备时，PEN线上会有不平衡电流通过，致使设备外壳带上电位，人体触及就有受到电击的可能。另外，当相线和零线调错或架空线落地及PEN断线且三相负荷又不平衡时，均会造成严重的触电事故。

（2）TN-S　该系统中，保护零线 PE 与中性线 N 是分开的。从电源侧向住宅引入保护零线，设备金属外壳都接在保护零线上。该系统又称三相五线制或单相三线制。

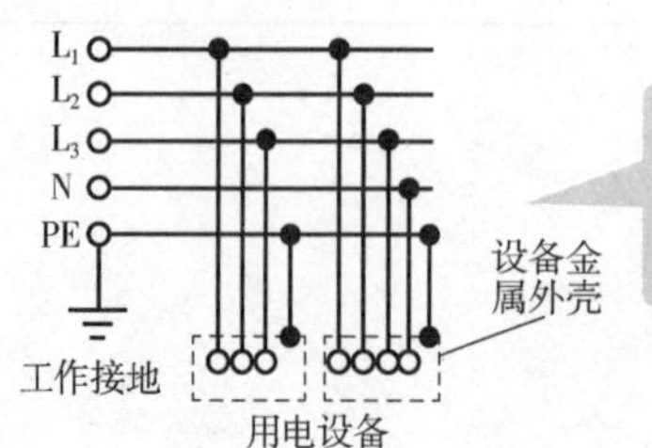

这种系统可以避免由干线末端线路、分支线路或主干线的中性线断线造成家用电器群爆的危害。只有当保护零线断开，并且有一台设备发生相线碰壳时才会发生危险，因此可以极大减少用电设备外壳产生危险电位的可能性。

（3）TN-C-S　在 TN-C-S 系统中，保护零线和中性线是部分合用的。即在变压器中性点至进户前这一段线路是合用的，称为 PEN 线，进户后则分成 PE 线和 N 线。

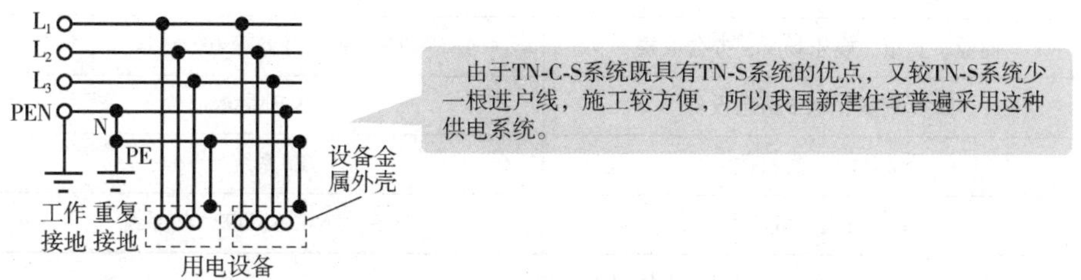

根据接户线引入方式的不同，TN-C-S 系统的具体做法有以下两种：

做法一：接户线采用架空线引入，在接户线末端或电表箱、配电箱处实行重复接地，接地电阻不大于 4Ω。引至接地极的导线采用 $16mm^2$ 的铜导线。对于整座住宅楼或小区住宅，进户线可采用三相四线式，对于单个住宅，进户线采用单相三线式。

做法二：接户线采用钢带铠装四芯电力电缆地埋引入，在住宅楼或小区住宅户外，将电缆铠装连同保护钢管做重复接地，接地电阻不大于 4Ω。电缆引入电缆接线箱，分成几路引至各单元集中电表箱。分路电缆采用非铠装聚氯乙烯绝缘电力电缆，并穿钢管地埋敷设至各单位，钢管与电缆接线箱外的重复接地极焊连，钢管用作保护接零线 PE。

2. TT 系统

TT 系统的结构及特点如下：

即三相电源中性点不接地或通过阻抗接地系统。如果低压配电系统不大，系统绝缘良好，分布电容也小，当人体触及带电部分时，这种接地方式通过人体的电流也不大，也能取得保护效果。

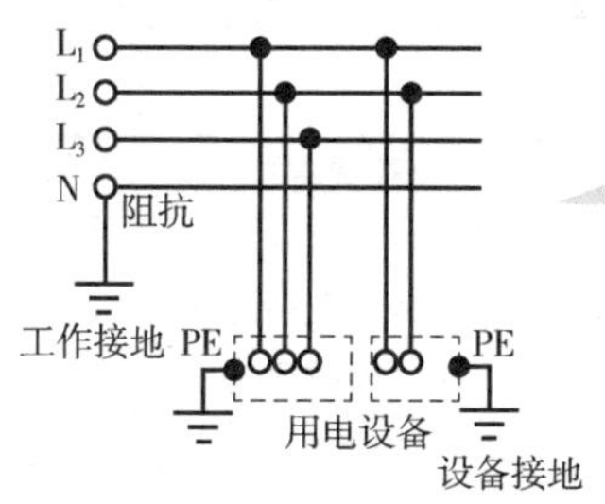

在雷击、系统过电压、线路绝缘层老化等情况下，这种系统很难保持良好的绝缘性能，因此也不是很安全。

二、供电系统的选择

各种用途的建筑供电系统选择见下表。

建筑用途	供电系统选择
民用住宅、城镇住宅	TN-S 或 TN-C-S 系统
商业、宾馆、娱乐场所、办公大楼	TN-S 系统并做等电位连接
计算机室、电子信息设备	TN-S 系统
分散住宅、农村住宅	TT 系统
具有爆炸及火灾危险的场所	TN-S、TN-C-S、TT、IT 系统

注：禁止使用 TN-C 系统，同时应采用以下措施：

1）在每户配电箱加装一只剩余电流断路器（俗称漏电保护器）。

2）采用 TN-C-S 系统，必须做好重复接地，重复接地电阻不大于 4Ω。从电能表箱或配电箱以后，工作零线 N 与保护零线 PE 严格分开。采用单相三极插座、单相二极插座或是这两类插座的组合插座，以满足各种家用电器的用电要求。PE 线宜采用 2.5mm^2 的塑料铜芯线（最小为 1.5mm^2），并与每个三极插座保护零极相连。电能表箱或配电箱接地螺栓处或专用接地母线处，用 16mm^2 铜导线穿钢管引至户外重复接地极上。重复接地极与防雷接地极至建筑物的距离不小于 3m。

3）配电干线、支线线路应装设短路保护与过载保护。住宅供电保护可采用熔断器、断路器及漏电保护器等。

◀第二节 负荷计算▶

一、分支负荷电流的计算

住宅用电负荷与各分支线路负荷紧密相关。线路负荷的类型不同，其负荷电流的计算方法也不同。线路负荷一般分为纯电阻性负荷和感性负荷两类。

家装常见各种负荷的计算方法表

负荷类型	计算公式	公式符号含义
纯电阻性负荷 （如白炽灯、电加热器等）	$I=\frac{U}{R}$	I——通过负荷的电流（A） R——负荷电阻（Ω） U——电源电压（V）
感性负荷 （如荧光灯、电视机、洗衣机等）	$I=\frac{P}{U\cos\varphi}$	I——通过负荷的电流（A） U——电源电压（V） P——负荷的功率（W） $\cos\varphi$——功率因数

（续）

负荷类型	计算公式	公式符号含义
单相电动机	$I=\dfrac{P}{U\eta\cos\varphi}$	U——电源电压（220V） I——负荷电流（A） P——电动机额定功率（W） η——效率 $\cos\varphi$——功率因数
三相电动机	$I=\dfrac{P}{\sqrt{3}U\eta\cos\varphi}$	U——电源电压（380V） I——负荷电流（A） P——电动机额定功率（W） η——效率 $\cos\varphi$——功率因数

需要说明的是，公式中的 P 是指整个用电器具的负荷功率，而不是其中某一部分的负荷功率。如荧光灯的负荷功率，等于灯管的额定功率与镇流器消耗功率之和；再如洗衣机的负荷功率，等于整个洗衣机的输入功率，而不仅是指洗衣机电动机的输出功率。由于洗衣机中还有其他耗能器件，使洗衣机实际消耗功率（即输入功率）常常要比电动机的额定功率高出 1 倍以上。例如，额定输出功率为 90～120W的洗衣机，实际消耗功率有 200～250W。

各种电感镇流器荧光灯的耗电量、额定电流及功率因数表

灯管型号	灯管耗电量/W	镇流器耗电量/W	总耗电量/W	额定电流/A	功率因数（$\cos\varphi$）	寿命不少于/h
YZ6RR	6	4	10	0.14	0.33	2000
YZ8RR	8	4	12	0.15	0.36	2000
YZ15RR	15	7.5	22.5	0.33	0.31	5000
YZ20RR	20	8	28	0.35	0.36	5000
YZ30RR	30	8	38	0.36	0.48	5000
YZ40RR	40	8	48	0.41	0.53	5000

注：电子镇流器功耗一般在4W 以下，功率因数在 0.9 以上，选用荧光灯时尽量选用电子镇流器荧光灯。

常用家用电器的耗电量、额定电流及功率因数表

电器名称	功率/W	额定电流/A	功率因数（$\cos\varphi$）
彩电（CRT 29in）	100	0.51～0.65	0.7～0.9
冰箱、冰柜	200	2.27～3.03	0.3～0.4

（续）

电器名称	功率/W	额定电流/A	功率因数（cosφ）
洗衣机	120	0.91~1.09	0.5~0.6
电熨斗	500~1000	2.27~4.54	1
电热毯	20~100	0.09~0.45	1
电吹风机	350~800	1.59~3.7	1
电热器	1500	6.8	1
电烤箱	600~1200	2.73~5.45	1
电饭煲	300~750	1.36~3.41	1
电炒锅	1000~1500	4.55~6.82	1
电磁炉	500~2000	2.84~11.36	0.8
大型吊扇	150	0.76	0.9
小型吊扇	75	0.38	0.9
台扇	66	0.34	0.9
电热水器	3000~6000	13.64~27.27	1
音响设备	150~200	0.85~1.14	0.7~0.9
吸尘器	400~800	2.1~3.9	0.94
抽油烟机	120~200	0.6~1.0	0.9
排气扇	40	0.2	0.9
空调器	1000~3000	6.5~15	0.7~0.9
浴霸	1200	5.45	1
电热油灯	1600~2000	7.27~9.09	1

二、总负荷电流的计算

通过住宅用电负荷计算，可为设计住宅电路提供依据，也可以验算已安装的电气设备的规格是否符合安全要求。

住宅用电总负荷电流不等于所有用电设备的电流之和，而应该考虑这些用电设备的同期使用率（或称同期系数）。总负荷电流一般可按下式计算：

$$\text{总负荷电流}=\frac{\text{用电量最大的一台（或两台）家用电器的额定电流}}{\text{同期系数}\times\text{其余用电设备的额定电流之和}}$$

为了确保用电安全可靠，电气设备的额定工作电流应大于1.5倍的总负荷电流，住宅导线和开关、插座的额定电流一般宜取2倍于总负荷电流。

计算住宅用电负荷必须考虑家庭用电负荷的发展，留有足够的裕量。另外，过去设计时采用的以2kW/户或$20W/m^2$为单位确定每户用电量的方法，也已不再适用。

◀第三节　住宅电气设计▶

一、住宅电气设计原则

1. 分支线路数量

分支线路数量的设计应符合以下要求：

1）照明支路应与插座支路分开。这样做的目的有两个：一个是各自支路出现故障时不会相互影响；另一个是有利于故障原因的分析和检修。比如，当照明支路发生故障时，可以用插座接上台灯进行检修，而不致使整个房间内“黑灯瞎火”。

2）对于空调器、电热器、电炊具、电热淋浴器等耗电量较大的电器，应单独从配电箱引出支路供电，支路铜导线截面根据空调器实际决定，一般截面面积为$2.5 \sim 4.0mm^2$。

3）照明支路最大负荷电流应不超过15A，各支路的出线口（一个灯头、一个插座都算一个出线口）应在16个以内。如每个出线口的最大负荷电流在10A以下，则每个支路出线口的数量可增加到25个。

4）如果采用三相供电，支路负荷分配应尽量使三相平衡。

2. 电源插座的设置

住宅电源插座的设置应符合下列要求：

1）应尽可能多设置一些插座，以方便使用。一般单人卧室电源插座数量不少于3处，双人卧室及起居室不少于4处。随着人们生活水平的提高，除了设置一般用电设备的插座外，还应考虑设置计算机电源插座以及电视、通信、保安等弱电系统的插座。

2）空调器电源支路的插座不宜超过两个，大容量柜式空调器应使用单独插座。厨房插座和卫生间插座宜设置单独回路。

3）卧室宜采用单相两极与单相三极组合的五孔插座，有小孩的家庭宜采用防护式安全型插座。潮湿场所插座应采用带保护极的单相三极插座，浴室插座除采用隔离变压器供电可以不接零保护外，均应采用带保护极的（防溅式）单相三极插座。

4）除空调等人体很少触及的电气插座外，其他插座回路应带漏电保护器。

3. 插座高度

开关插座面板高度与所处的区域有关，不同区域不同，一般应遵循以下原则：

1）客厅、卧室的一般开关高度为0.3m，开关安装高度一般为1.4m，与成人肩部平齐，距门框约0.2m。

2）厨房插座的安装高度应不低于1.3m，切忌近地安装。因为液化石油气的密度比空气密度大，泄漏后会沉积在地面附近。使用近地面安装的插座，容易引起爆炸和火灾。

3）空调器插座的安装高度一般为1.8～2m；卧室插座的安装高度一般为0.3m。

4）洗衣机的插座距地面1.2～1.5m，电冰箱的插座距地面1.5～1.8m。

二、客厅电气配置设计

1. 照明配置

客厅照明方案整体思路如下：

1）客厅适合冷、暖、中三种色温可切换的照明产品，具有冷暖切换的功能。

2）客厅空间通常承载多种功能活动，需要灯光环境有与之相配的多种模式。

3）主照明之外建议补充功能照明、局部和情景氛围照明。

4）客厅主灯建议可调光调色，客厅强调装饰性，可选择与装修风格搭配适宜、装饰度高的灯具类型。

客厅照明方案整体思路搭配及各类灯具具体位置示意图如下。

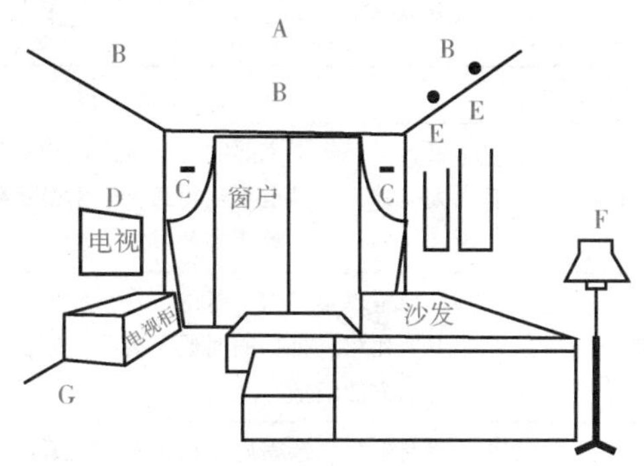

客厅照明方案整体思路示意图

A—吸顶灯　B—LED 灯带　C—壁灯　D—LED 灯带

E—射灯　F—落地灯　G—情境灯

客厅照明方案产品说明与客厅七种常见模式照明解决方案见下表。

客厅照明方案产品说明

编号	说明
A	客厅主灯，在室内空间较低情况下可以用吸顶灯；室内空间较高情况下可用吸顶灯，也可以用吊灯。无论是吸顶灯还是吊灯，在选择时要兼顾实用与美观，同时也要考虑日后维护。有些灯具虽然美观，但结构过于复杂，时间久了容易积尘且不易清洗，而变得不美观。因此建议选购那些简洁、易清洗、易维护的灯具
B	灯带，可用 LED 灯带，也可以用荧光灯管或 LED 灯管连接而成
C	壁灯，根据喜好选择
D	灯带，可安装在电视后四周，也可在电视上方由吊顶灯槽灯带投射
E	射灯，一般投射在一些需要突出表现的艺术品上，如字画等
F	落地灯，可以移动，由插头插于插座上供电
G	情境灯，可以是固定的，也可以是移动的，如蜡烛灯等一些有特色而温馨的灯具

七种常见模式照明解决方案

模式	解决方案	说明
一般模式	A + B + C	一般情况下，打开主照明吸顶灯，用 LED 灯带和壁灯作为辅助，客厅明亮而且灯带和壁灯营造出非常温馨的感觉
电视模式	D + F	电视模式，灯光的布置要缓解看电视造成的眼睛疲劳。看电视时，房间过暗，强对比的光容易使眼睛疲劳；若开主灯，房间过亮，欣赏电视节目的好气氛会被破坏，此时应增加背景照明，减小背景与电视间的亮度差。考虑到看电视过程中吃东西、找寻身边的物品，可以通过旁边的落地灯实现

（续）

模式	解决方案	说明
聚会模式	A+B+E+F+G	聚会时，除了主照明外，辅助的射灯等让整个客厅的空间感大大提升，人多也不觉得压抑。射灯把精挑细选的画打亮，成为客厅的焦点，整个家的品位立刻提升
打扫模式	A+B+C+E	打扫整理是一项辛苦的工作。沙发脚、墙角等部位最容易产生卫生死角。打扫的时候，客厅空间需要保证每个角落都清晰可见，方便清洁
浪漫模式	G	朋友聚会与亲密好友聊天的时光总是令人期待。在客厅茶几或者房间角落处放置可以变色的情境灯，能够帮助营造温馨浪漫的气氛，促进交流，同时让空间富于变化
唯美模式	E	想要以美术馆的气氛来装饰画作，就要让你的画作犹如从四周浮现一般。在顶棚上，装设嵌入式射灯打亮画作，调控亮度比，突出画作装饰度，体现主人艺术品位。如果画作上有保护用的玻璃，就必须仔细调整照射角度，以防止光源投射在玻璃上出现画框的影子
补光模式	F	客厅进深长，远离窗户的内部采光差、昏暗时，应选用落地灯等可移动的灯具进行局部补光。一则增加空间通透感，减小照明暗区对空间整体美感的影响；二则阴天等室内光线不足时可单独补充，不需要打开主灯

注：1. 各类灯光根据实际情况选择组合。

2. 各类灯光应按编号组设置开关分别控制。

3. 开关一般建议放置在客厅活动较多的地方，如沙发背后；其中一组灯光（如A或B）开关应设双控，并且一控应在大门边，方便进门开灯。

2. 开关、插座面板设计

电视是客厅主要电器之一，目前大多数家庭都使用平板电视，并悬挂在墙上，很多时候由于尺寸设计不好，漂亮的电视下面总是挂着一段电线，大煞风景，所以电视的电源线和信号线位置一定要预先设计好。

一般要求方案中前墙与后墙的开关、插座面板布置示意如下：

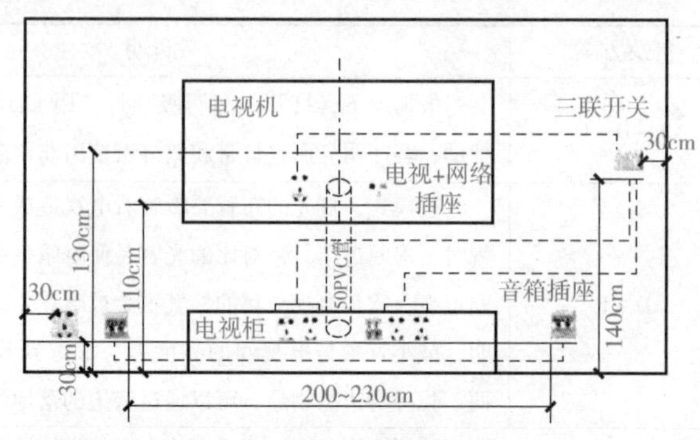

客厅前墙开关面板布置

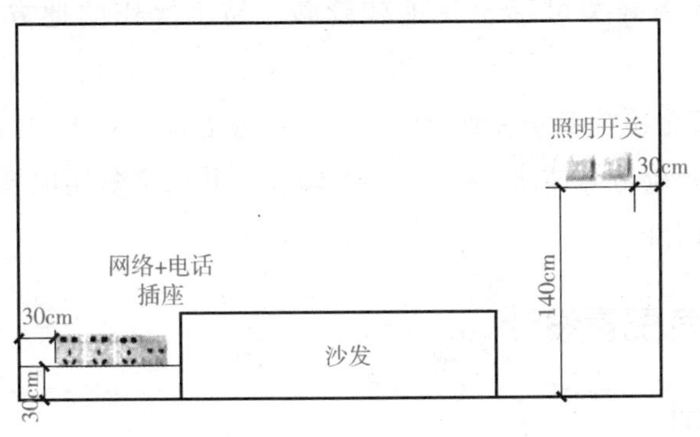

客厅后墙开关面板布置

开关布置示意图说明：

1）电视壁挂时按示意图安排电视相关插座开关布置。

2）电视机后面以电视机能挡住为准，图中尺寸能满足大部分要求。

3）电视柜下面插座顶部低于柜面 10cm 左右，柜子背板在插座位置可以开相应大小的口；如是抽屉形式，则该处抽屉应较其他位置抽屉短些，方便抽插插头。

4）电视后面、电视柜下插座分三组，分别由三联开关控制，在设备停机时可用开关方便关断设备交流电源。开关所控制的插座对应关系如虚线所示。

5）如电视由底座立于电视柜上，则电视柜下的插座可移至电视柜上 15 ~ 20cm 处，PVC 管可取消不用。

6）前墙角处插座可安排用于空调柜机使用；PVC 管用于穿电视柜中音视频设备信号线。

7）如希望电视背景墙简洁、干净，可以将电视柜移至后墙沙发墙角处，在欣赏音视频时，坐在沙发边，不用起身即可操作。开关及插座按下图所示方式布置，插座开关、音视频弱电插座移至后墙，按图示虚线连接或控制。

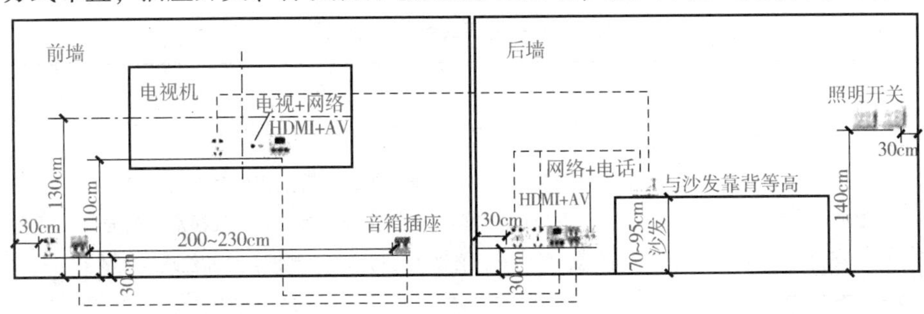

电视柜后移方案

8）插座控制开关可移至其他较隐蔽、易于操作的地方，如后墙电视柜处。

9）公共安全系统未安装到位的住宅，应考虑预留对讲门铃、门禁系统电位，包括一个系统电源插座、一个空86暗盒，并从空盒用电管穿4芯以上的多芯信号线至门外。

三、主卧电气配置设计

1. 照明设计

主卧适合温馨中低亮度的光，建议色温中性，暖色温。夫妻房需要营造温馨浪漫的空间氛围，可选择有多重模式的LED吸顶灯，搭配装饰性的局部照明。暖性光色易使人放松，增加情感交流。主卧照明方案整体思路搭配及各类灯具具体位置示意图如下图所示。主卧八种常见模式照明解决方案见下表。

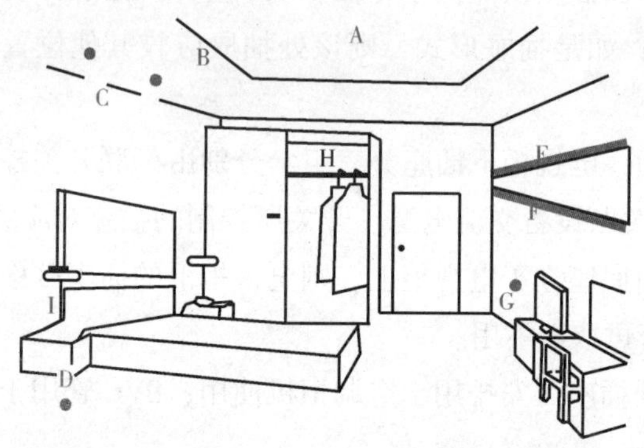

主卧照明方案整体思路示意图

A—吸顶灯　B—暗藏LED灯带　C—嵌入式射灯　D—情境灯　E—暗藏LED灯带
F—境前灯　G—小夜灯　H—暗藏LED灯带　I—台灯

主卧八种常见模式照明解决方案

模式	解决方案	说明
照明模式	A＋B	吸顶灯加LED灯带能满足卧室的温馨照明要求
入眠模式	I	过于明亮的灯光影响睡眠，而若上床前就把房间灯关掉，四周一片黑暗实在危险，建议选择床头立灯，放松舒缓的光效，可选择橘色的灯光，有助于心情平静，帮助自然而然地进入梦乡

（续）

模式	解决方案	说明
电视模式	E	看电视时，房间过暗，强对比的光容易使眼睛疲劳；若开主灯，房间过亮，欣赏电视节目的好气氛会被破坏，此时只需背景墙壁补光，减小与电视间的亮度差，既不伤眼睛，同时又营造出好的观影气氛。在卧室，大部分人喜欢躺着看电视，考虑到人的视线不直接接触或正对光源
起夜模式	G	熄灯后起夜，开大灯不便，昏暗中视线不好，因此在靠门位置装置小夜灯，位置低，光线直接照射地面，起身时照亮地面，躺在床上看不到光源，不会干扰睡眠。可选用比较柔和的暖光色产品，建议选择光感式，夜晚自动亮起
化妆模式	F	因为室内光线存在方向性，化妆镜前灯能够为化妆的主人提供均匀的光线，减少阴影，提升化妆效率，让空间富于变化
阅读模式	I	晚上休闲阅读需要能够照亮书本、健康明亮的光。但同时要避免大脑过度兴奋，影响睡眠。建议阅读灯光线不要过亮，色温不宜过高，暖白光较为适宜。在床头两侧各置一个，夫妻两人互不干扰。台灯也可换成壁灯
情景模式	D	情境灯提供浪漫温馨气氛的光照效果，有助于提升情调，增进夫妻感情。新婚夫妻更适合选择情境照明，营造朦胧和静谧的二人世界
视觉模式	B	相对于客厅，卧室吊顶的亮度应给人柔和温馨的视觉感受，可降低亮度，选用中性光色的照明产品

注：1. 各类灯光根据实际情况选择组合。

2. 各类灯光应按编号分组设置开关分别控制。

3. 吸顶开关设置双控方式，一控在门边，一控在床头；衣柜灯开关与衣柜旁的双控共面板；镜前灯开关放置在化妆镜旁；其他开关置于床头边。

2. 开关、插座面板设计

主卧开关面板设置与客厅一般要求相似，操作控制主要在床两边床头柜上，方便起居。前后墙面开关、插座面板布置示意如下图所示。

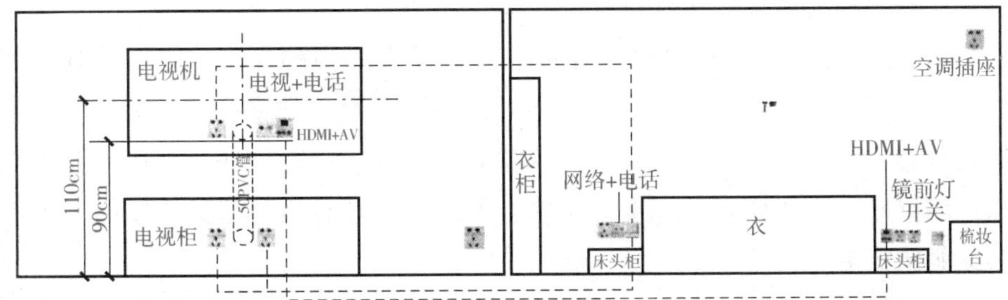

主卧前后墙面开关、插座面板布置示意图

开关、插座面板布置示意图说明：

1）电视墙上电源插座设置开关，开关放置在床头边，方便关断电视等音视频设备交流电源，减少这些设备的待机功耗。

2）电视后插座靠近电视下沿，以电视能遮住即可。

3）电视后 HDMI + AV 插座与床头对应插座连接，可方便在床头连接计算机等音视频设备，冬天坐在床上也可用计算机看影视。

4）空调安装不能正对床，可安装在床头墙面上，让空调对着对面墙吹，避免正对着人吹。

5）可在靠窗的墙面安装 1 ~ 2 只五孔插座，可用于冬天插取暖器。

6）次卧可参考主卧设计。

四、书房电气配置设计

1. 照明设计

书房灯光设计应遵循以下五大原则：

1）书桌上增添台灯以加强阅读照明。若想坐在书桌前阅读，只有间接照明并不够，最好在桌角处安置一盏桌灯，或者在正上方设置垂吊灯作为重点照明。尤其是当家中有小孩时，除了书桌的设计必须随其高度调整外，还有桌上局部光源的部分。

2）间接光源烘托书房沉静气氛。间接照明能避免灯光直射所造成的视觉炫光伤害，而且把灯开得很亮反而让人觉得有点累，不会想待在这个空间太久，思考不易集中。因此在设计书房时，最好采用间接光源的处理，如在顶棚的四周安置隐藏式灯带光源，这样能烘托出沉稳的氛围。

3）利用轨道灯直射书柜营造视觉端景。书柜也可通过灯光变化，营造有趣的效果。例如，通过轨道灯或嵌灯的设计，让光直射书柜上的藏书或物品，有利于在书柜上查找所需要的书。

4）避免光源直射计算机。屏幕本身会发出强烈的光，若空间的灯源太亮，打到屏幕上会反光，眼睛容易不舒服，甚至看不到屏幕上的字。但是若只让计算机屏幕亮，而四周较暗，视觉容易疲乏。正确做法：不让计算机周边的墙壁暗，要让两者的亮度差不多，长时间阅读计算机里的文字时，才不容易眼睛疲劳。

5）保留自然光很重要。书房适合阅读，建设书房的位置最好在有自然光源能照射到的地方，即使与其他空间共享，如主卧室或客厅角落等，书桌的位置最好贴近窗户。另外，可通过百叶窗的设计，调整书房自然光源的明暗。

2. 开关、插座配置设计

书房开关插座配置不复杂，主要包括以下几点：

1）主灯光吸顶灯可在门边与办公桌边分别设置双控开关，其他灯光开关可以设置于办公桌附近，方便办公时变换灯光。

2）插座主要包括办公设置，计算机、传真机等电源插座，主要设置于办公桌附近，还应预留冬天取暖器、空调插座等，电源插座总数量应在5只以上。除空调插座安装高度为180cm外，其他都在30cm高。

3）弱电插座包括电话、网络插座，高度30cm。

五、餐厅电气配置设计

1. 照明设计

餐厅灯光适合采用中暖色，应选用显示性较好的照明产品，通过餐厅灯光的烘托，提高用餐氛围，增加用餐者的食欲。同时，灯具造型也能提升餐厅品位，此时应选择装饰性较强的；增加用餐氛围（如烛光晚餐、家庭聚会等），应增加一些情境照明，进行氛围烘托，营造良好的用餐环境。

餐厅灯光布置示意图如下图所示。

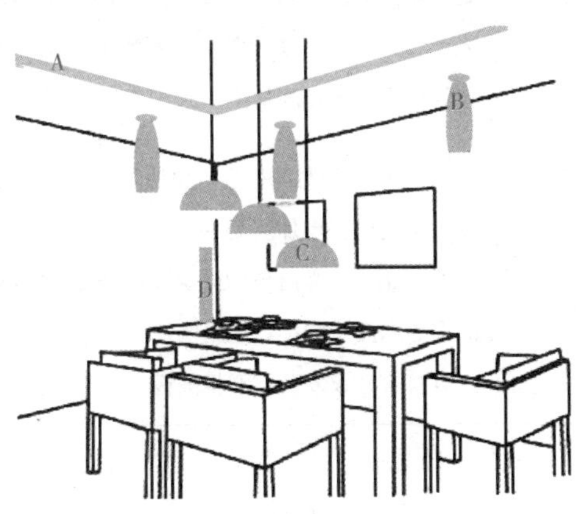

餐厅灯光布置示意图

A—嵌入式顶棚灯　B—嵌入式射灯　C—餐厅吊灯　D—变色情境灯

餐厅六种常见模式照明解决方案见下表。

餐厅六种常见模式照明解决方案

模式	解决方案	说明
进餐模式	A+C	餐厅吊灯光线需要覆盖用餐桌面，能够提升用餐的感受。餐厅吊灯需要高的显色性，这样可以让食物看起来更可口，增进食欲。低色温、柔和的光线更能增进温馨感和聚拢感
空间模式	A+B	餐厅紧贴墙面放置餐桌会让人有压迫感，通过搭配射灯照射墙面可以使整个空间变大，提升空间通透感，给人舒适明亮的感觉。同时满足亲友聚餐时需要光线充足的要求，营造良好聚会环境
温馨模式	D	餐桌上放置一台情境灯，营造浪漫气氛及愉悦的用餐氛围；同时又可装点食物色相。建议选择可变色情境灯，满足对不同灯光色彩的喜好
烘托模式	E	食物装饰画作可以增强食欲。要让画作从四周浮现，在顶棚上装设嵌入式射灯打亮画作，调整亮度比，突出画作装饰度。如果画作上有保护用的玻璃，就必须仔细调整照射角度，以防止光源投射在玻璃上出现画框的影子
办公模式	A+C	就餐需要温馨柔和的灯光氛围，工作学习需要明亮清爽的灯光环境，建议选择可调光调色的餐吊灯，切换亮度和色温，即可满足双重需要。上网与阅读对光线的需求不同，上网时屏幕有自发光，背景光线不宜过亮，而阅读时，则需要明亮舒适的照明效果，建议可提供多模式切换
酒柜照明	—	用LED灯带对酒柜进行照明烘托，在满足基本照明功能的同时，突出陈列感、增加装饰性。若陈列物品多为金属和玻璃质，建议选用白光，因为白色的光会彰显出玻璃的剔透和品莹；若陈列物品多为木质，则推荐选用偏黄色的光，有助于营造温暖及柔和感。LED灯带建议安装在酒柜隔板边缘

注：1. 各类灯光根据实际情况选择组合。

2. 各类灯光应按编号分组设置开关分别控制。

3. 开关设置在餐桌附近，如靠近餐桌的厨房门边，与厨房灯光开关排在一起。

2. 开关、插座配置设计

餐厅的插座配置很简单，只需3~4只五孔插座，设置于餐桌旁边，为冬天就餐使用电火锅提供电源，插座离地30cm。如冰箱放在餐厅（冰箱放在餐厅可免受厨房油烟侵蚀）应再加 1 只三孔插座。

六、厨房电器配置设计

1. 照明设计

厨房照明设计主要把握以下五个要点：

1）一般家庭的厨房照明，除基本照明外，还应有局部照明。不论是工作台面、炉灶还是储藏空间，都要有灯光照射，使每一工作程序都不受影响；特别是不能让操作者的身影遮住工作台面。所以，最好能在吊柜的底部安装隐蔽灯具，且由玻璃罩住，以便照亮工作台面。墙面应安装开关插座，以便点亮壁灯。

2）厨房一般较潮湿，灯具的造型应该尽量简洁，以便于擦洗。另外，为了安全起见，灯具最好能用瓷灯头和安全插座。

厨房里的储物柜内也应安装小型荧光管灯或白炽灯，以便看清物品。当柜门开启时接通电源，关门时将电源切断。

3）厨房中灯光分为两部分，一是对整个厨房的照明，一是对洗涤区及操作台面的照明。前者用可调式的吸顶灯照明，后者可在橱柜与工作台上方装设集中式光源，使用会更为安全、方便。

4）在一些玻璃储藏柜内可加装射灯，特别是内部放置一些具有色彩的餐具时，能达到很好的装饰效果。这样协调照明，光线有主有次，能增强整个厨房的空间感。

5）厨房照明对亮度要求很高，灯光应明亮而柔和。一般厨房的照明是在操作台的上方设置嵌入式或半嵌入式散光型吸顶灯，灯罩采用透明玻璃或透明塑料，这样顶棚既简洁又显得明亮。

现在，餐厨合一越来越流行，选用的灯具更要注意以功能性为主，外形以现代派的简单线条为宜，不要选用过分装饰性的灯具，照明则应按区域功能进行规划。就餐处以餐桌为主，背景朦胧，厨房处光照明亮。二者可以分开关控制，在厨房劳作时开启厨房区灯具，全家就餐时则开启就餐区灯具，也可调光控制厨房灯具，工作时明亮，就餐时调成暗淡，作为背景光处理。

厨房电气配置示意图如下。

厨房电气配置示意图

A—吸顶灯　B—嵌入式筒灯　C—油烟机照明灯　D—厨宝插座

E—电饭煲插座　F—垃圾处理器插座　G—消毒柜插座

照明配置说明：

1）A 为吸顶灯，选用简洁、表面光洁、易清洗的方形或圆形吸顶灯。

2）B 为嵌入式筒灯，安装在案板上方的橱柜底部，给洗菜、切菜提供照明。上方设有橱柜可以安装吊灯。

3）C 内嵌式射灯一般为抽油烟机自带。

2. 开关、插座面板设计

厨房的电源插座设置示意如上图中的 D、E、F、G，配置说明如下：

1）D 为下出水式厨宝电源插座，可安装于水槽上方厨柜内。

2）E 为电饭煲、微波炉、烤箱、电磁炉等电源插座，高度高出灶台 30 ~ 40cm。

3）F 为厨房垃圾处理器电源插座，如厨宝为上出水方式，则取消 D 插座，在 F 处加 1 只厨宝插座。这两个插座都装在水槽下厨柜内，应避开下水管安装。

4）电饭煲、微波炉、电磁炉、厨宝、烤箱等插座应带开关控制，避免频繁抽插。

七、卫生间电气配置设计

1. 照明设计

卫生间照明设计原则

1）卫生间照明设计由三个部分组成：基本照明、功能照明、氛围照明。

2）空间光线要洁净、明亮、温馨，满足洗漱的需要，保证行动安全。

3）应选择具有可靠的防水性与安全性的玻璃或塑料密封灯具。在安装时不宜过多，不可太低。吊灯的安装高度，其最低点应离地面不小于2.2m。壁灯的安装高度，其灯泡应离地面不小于1.8m，以免累赘或发生溅水、碰撞等意外。

2. 通风供暖设计

（1）通风设计　在我国大多数户型中，有很多无窗卫生间，通风显得尤为重要。选择适合的机械通风设备是设计师需要为客户考虑的问题。

在设备的选择过程中，最需要了解的关键参数就是空间所需的换气次数，它的单位是次/h。换气次数的多少不仅与空调房间的性质有关，也与房间的体积、高度、位置、送风方式以及室内空气变差的程度等许多因素有关，是一个经验系数。

根据国家相关安全规范规定，卫生间换气次数为住宅卫生间5次/h，公共卫生间9次/h。在排风设备中，最基本的参数就是排风量，单位为m^3/h。

按照公式计算：设备换气次数（n）$=\dfrac{\text{设备排风量}（m^3/h）}{\text{房间空气体积}（m^3）}$，如果符合规定换气次数，则为空间适用的设备。

（2）卫生间供暖　国家对卫生间温度有相应的规范标准。为达到相应的标准，一方面建筑本身需要符合要求，另一方面在供暖设备的选择上也需要注重科学性。卫生间供暖常见的设备有散热器、暖风机、地暖三种。

3. 电气设备设计

随着人们的住房面积不断扩大，生活质量逐步提高，卫生间承载的功能越来越多，种类繁多的电器进入了卫生间，给用电安全带来了很大的隐患，所以卫生间的电气设计应该予以高度重视。住宅卫生间的电气安全因其环境的特殊性显得尤为突出。除了满足居住者日新月异的用电需求外，还应本着以人为本的原则。

生活电器包括电动浴缸、智能马桶、智能淋浴房、洗衣机、足浴盆等，暖风电器包括浴霸、风暖、排风设备、热水器等。

八、住宅电气配置统计

家庭各个区域可能用到的开关、插座统计见下表。

家庭各个区域可能用到的开关、插座统计

区域	设备名称	数量/只	配置说明
主卧 次卧	双控开关	2	门边、床头各一只，控制主灯
	单控开关	7	电视插座、音影插座、镜前灯、灯带、筒灯、壁灯、衣柜灯带
	5 孔插座	9	床头每边各两只（台灯、落地灯、计算机、充电）、电视 1 只、音影设备 2 只、窗台附近 2 只（电暖器、风扇、增湿器）
	3 孔 16A 插座	1	壁挂空调边
	电视 + 网络	1	电视后面
	电话 + 网络	1	床头边
	HDMI + AV	2	电视后、床头边
书房	单控开关	3	主灯、灯带、筒灯
	5 孔插座	6	计算机、音响、显示器、台灯、传真、电暖器、风扇
	电话 + 网络	1	计算机边
	3 孔 16A 插座	1	空调
客厅	双控开关	2	门边、沙发边各一只，控制主灯
	单控开关	6	灯带、筒灯、壁灯、电视、音影设计插座（2 只）
	5 孔插座	14	电视、音影设备、鱼缸、饮水机、电话、计算机、投影仪、投影银幕、电暖器、风扇、可视门铃、备用
	3 孔 16A 插座	1	空调
	电视 + 网络	1	电视后
	电话 + 网络	1	沙发边
	HDMI + AV	4	沙发边 2 只、电视、投影仪
	4 音响插座	2	电视柜下（前置、后置）
	2 音响插座	6	左前置、右前置、低音、左后置、右后置、电视柜下低音
	三挡开关	1	沙发边控制投影银幕布升降
厨房	单控开关	2	主灯、筒灯
	5 孔开关	4	油烟机、豆浆机、消毒柜、备用
	1 开 3 孔 10A	4	电饭煲、厨宝、微波炉、垃圾处理器
	1 开 3 孔 16A	2	电磁炉、烤箱
	1 开 5 孔	1	备用
餐厅	单控开关	3	吊灯、灯带、壁灯
	5 孔插座	4	冰箱、电火锅、备用
阳台	单控开关	2	主灯、洗衣池顶灯
	5 孔开关	4	计算机、洗衣机、备用

（续）

区域	设备名称	数量/只	配置说明
主卫生间	单控开关	4	主灯、灯带、筒灯、镜前灯
	5孔插座	7	洗衣机、吹风机、剃须刀、卷发器、足浴盆、电热壶、抽水坐便器、浴缸、燃气热水器
	1开3孔16A	1	电热水器
	防水盒	7	开关防水
	电话	1	坐便器边
	浴霸开关	1	浴霸专用
次卫生间	单控开关	4	主灯、灯带、筒灯、镜前灯
	5孔插座	4	洗衣机、吹风机、剃须刀、卷发器、足浴盆、抽水坐便器
	防水盒	4	开关防水
	电话	1	坐便器边
儿童房	单控开关	4	主灯、童趣灯、壁灯、射灯
	5孔插座	3	台灯、风扇、夜灯
	3孔16A	1	空调
走廊	双控	2	走廊两头各1只，走廊不长则可用1只单控
楼梯	双控	2	楼廊上下各1只
备注	①插座要多装，宁滥勿缺。墙上所有预留的开关插座，如果用得着就装，用不着的就装空白面板，千万别堵上 ②表格开关按控制数量统计、插座按插孔数量统计，而开关最多有4联开关；118型、120型大盒插座最多也有4只的，故应根据实际情况组合，尽可能减少面板数量		

第六章　家装电工基础改造

◀第一节　电路施工流程▶

一、施工工艺的作用与意义

目前国内装修行业施工的主力军大都来自文化程度不太高的农村劳动力，这些工人很少经过专业的技能培训，很多施工工艺粗糙，返工现象很严重，同时，很多家装设计师对施工工艺不了解，图做得很优秀，但不能使图样很好地落地，原因之一就是对施工工艺及材料不了解，任凭工人盲目施工，其后果可想而知。

对于即将踏入该行业的年轻设计师及工人，学习室内施工工艺意义重大，同时，通过学习室内施工工艺，提高工人的业务水平以及提高设计师的设计水平起着至关重要的作用。

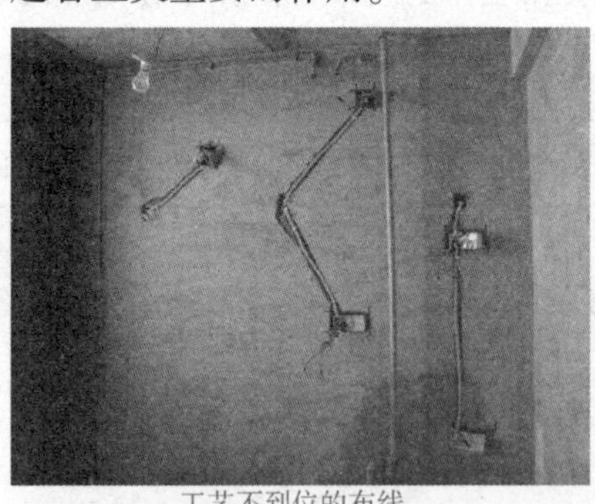
工艺不到位的布线

工艺到位的布线

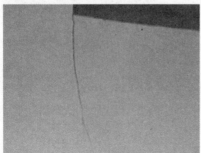

工艺不到位的石膏板吊顶

工艺到位的石膏板吊顶

二、装饰施工工艺

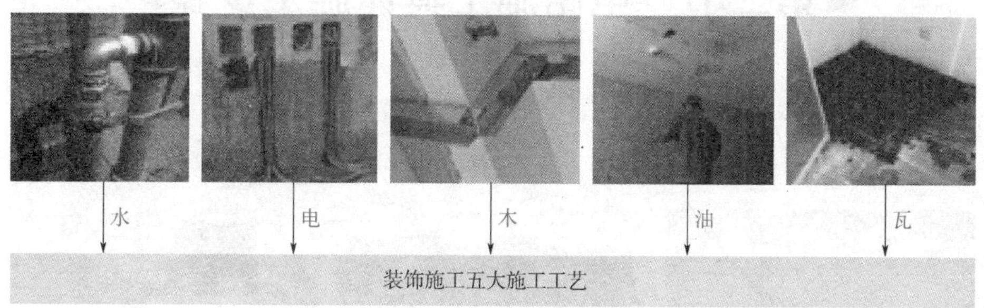

三、电路改造工艺流程

1）草拟布线图。

2）画线：确定线路终端插座、开关、面板的位置，在墙面标画出准确的位置和尺寸。

3）开槽。

4）埋设暗盒及敷设 PVC 电线管。

5）穿线。

6）安装开关、面板、各种插座、强弱电箱和灯具。

7）检查。

第二节 电路施工具体施工步骤

一、弹线定位

弹线的具体操作方法：为了保证开出来的槽横平竖直，在开槽前要用激光水平测量仪射出激光，电工根据激光用铅笔画出标记，用一条沾了墨的线，两个人每人拿一端然后弹在地上或墙上。作用是用来确定水平线或垂直线，作为砌墙的参考线。家装时，根据设计图定位的要求，在墙上、楼板上进行测量，然后弹线进行定位。

墙面线路改造时，当直线段长度超过15m或折弯数量超过4个时，必须增设底盒，以便电线可拉动更换。

根据设计图的要求，在墙上确定盒、箱的位置，并进行弹线定位，按弹出的水平线用尺量出盒、箱的准确位置，并标出尺寸。

弹线是非常重要的步骤，为了确保弹线更为精确，工人会用高科技定位仪在墙上找到所需的高度，然后以此为基准再进行弹线。

二、开槽布线

在弹好线之后，接下来用手提切割机开布线槽。

开槽要尽量规则，不规则的开槽会造成墙面大面积的损伤。开槽时要经过切割工具切割，如果开槽不经过切割，直接用凿子敲打墙面，会使墙壁原有的混凝土松动，甚至即将脱落而不被察觉。

应先割好盒箱的准确位置再剔洞，所剔孔洞应比盒箱体稍大一些，洞剔好后，应将洞中杂物清理干净，然后用水把洞内四壁浇湿。

PVC管在墙体上开槽铺设时，PVC管距离墙面深度应不小于1.2cm。

在开槽时遇到钢筋的正确处理方法：

1）穿纤维套管（黄腊管），不用水泥封，用泡沫胶沾上就行了，完工后直接刮大白。

2）墙上钉木方拍一层石膏板，线管放夹层里，这样就可以标准施工了。

三、铺设 PVC 电工管道

首先用快粘剂（高强度等级水泥砂浆）填入洞内，将入盒接头与入盒锁扣（内）固定在盒孔壁，待快粘剂（高强度等级水泥砂浆）凝固后，方可接入短管入盒箱。

所有放入砖墙的电线采用阻燃PVC套管埋设。
PVC套管在墙体内交叉，用曲弯弹簧做出20cm的过桥弯。
在布线套管时，统一沟槽内如超过2根线管，管与管之间必须留有≥1.5cm的缝线，以防止填充水泥砂浆或石膏时产生空鼓。

注意事项如下：

1）电线管不得破损、有毛刺。

2）一般都是走暗线，也就是墙壁开槽，需要注意的是开槽的深度和宽度要大于线管，约1.5倍即可。

3）开槽时不得割断钢筋。

4）如需要做防水，应先做防水。

5）电线是有颜色的，正负极一定要用颜色区分，而且一路要统一颜色，不得接头、破损和交叉。

6）所有走线的线管，必须用卡扣扣住固定，每个卡扣之前的距离不要超过80cm。

7）线管与暗盒连接应用锁扣。

8）如果出现线管相互衔接，一般都是直接衔接为好，并用专用的胶水封好即可。

9）线管内的电线截面面积之和不大于线管截面面积的40%。

10）强弱电插座间距应不大于500mm。

11）强弱电管交叉时，应做屏蔽保护。

12）如果遇到电线管、水管、燃气管等布线走同一面墙的时候，三者一定要分开，距离要大于10cm。

13）如果在同一面墙遇到插座和燃气管的话，两者之间距离一定要大于20cm。

14）线管内电线应能抽动。

15）电线管不得走直角弯或死弯，应走月亮弯。

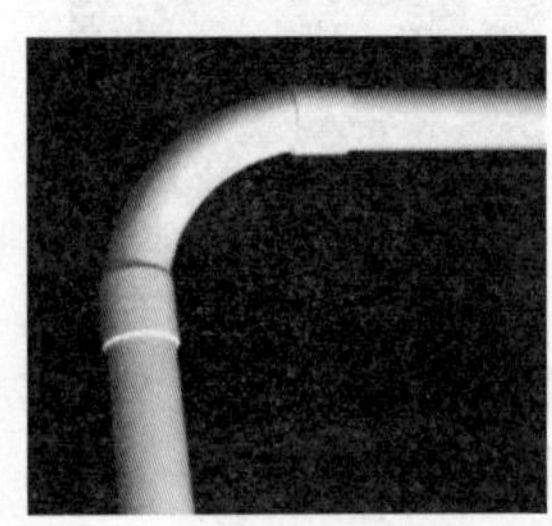

月亮弯

四、穿线施工

1. 穿线步骤

把电线裁开　整理电线　开始穿线　连接线管

切掉多余电线　向暗盒里穿电线　安装线管　安装线管完毕

2. 穿线注意事项

1）导线在开关盒、插座盒（箱）内留线长度不应小于15cm。

2）导线在管内严禁接头，接头应在检修底盒或箱内，以便检修。

3）导线必须分色，插座线颜色为：相线为红色，零线为蓝色，地线为黄绿双色。开关线颜色为：相线为红色，控制线为黄色。

4）接线盒（箱）内导线接头须用防水、绝缘、黏性好的胶带牢固包缠。

◀第三节　铜线连接的方式▶

一、绞合连接

将需要连接铜导线的芯线直接紧密绞合在一起称为绞合连接。

1. 单股铜导线的直接连接

（1）小截面单股铜导线连接方法　先将两导线的芯线线头做X形交叉，

再将它们相互缠绕 2 ~3 圈后扳直两线头，然后将每个线头在另一芯线上紧贴密绕 5 ~6 圈后剪去多余线头即可。

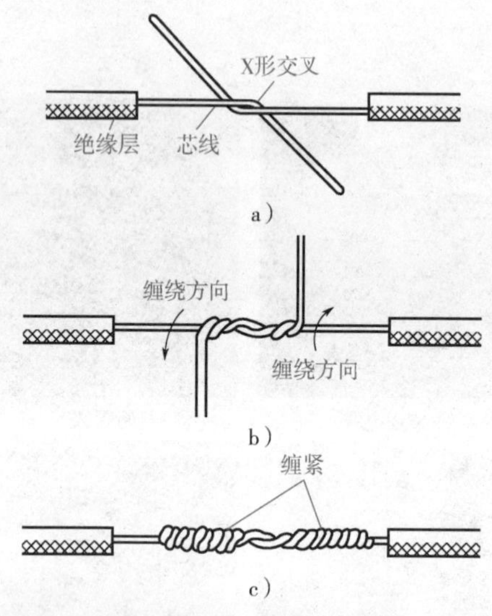

单股铜导线直接连接图

（2）大截面单股铜导线连接方法　先在两导线的芯线重叠处填入一根相同直径的芯线，再用一根截面面积约 1.5mm² 的裸铜线在其上紧密缠绕，缠绕长度为导线直径的 10 倍左右，然后将被连接导线的芯线线头分别折回，再将两端的缠绕裸铜线继续缠绕 5 ~6 圈后剪去多余线头即可。

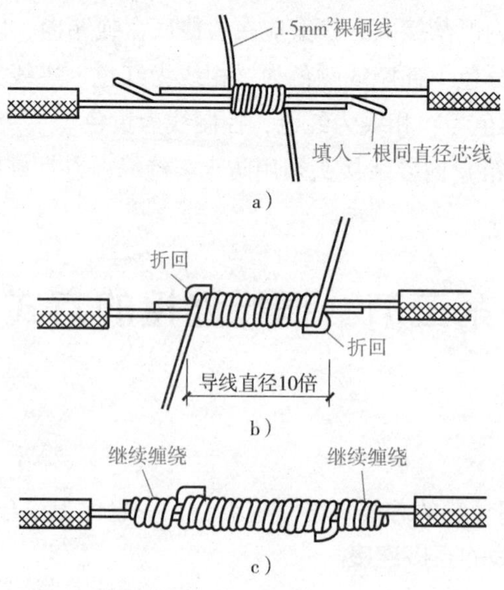

大截面单股铜导线连接方法图

(3) 不同截面单股铜导线连接方法　先将细导线的芯线在粗导线的芯线上紧密缠绕5~6圈，然后将粗导线芯线的线头折回紧压在缠绕层上，再用细导线芯线在其上继续缠绕3~4圈后剪去多余线头即可。

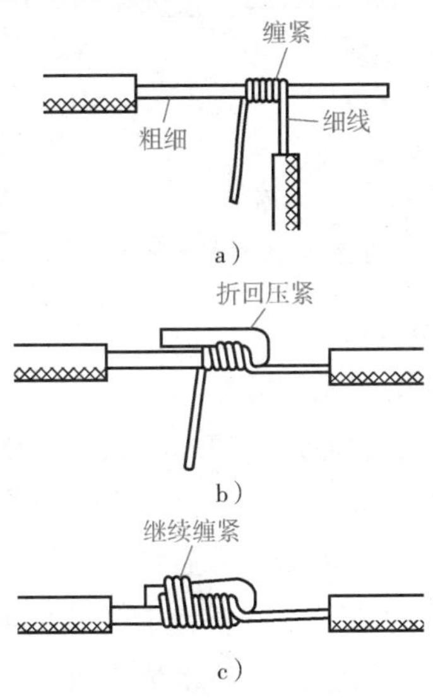

不同截面单股铜导线连接方法图

2. 单股铜导线的分支连接

(1) 单股铜导线的T字分支连接　将支路芯线的线头紧密缠绕在干路芯线上5~8圈后剪去多余线头即可。对于较小截面面积的芯线，可先将支路芯线的线头在干路芯线上打一个环绕结，再紧密缠绕5~8圈后剪去多余线头即可。

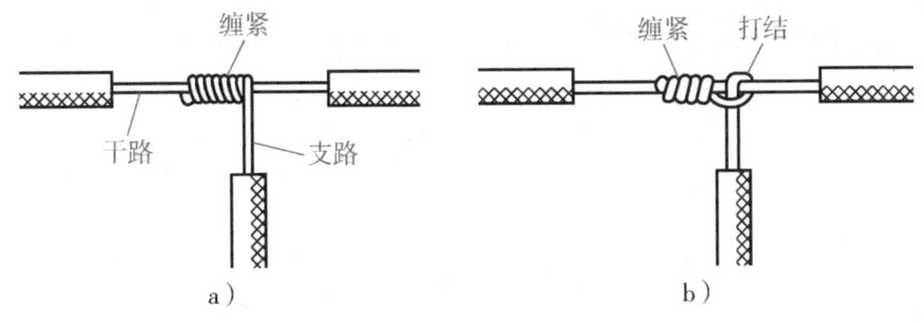

单股铜导线的T字分支连接图

(2) 单股铜导线的十字分支连接　将上下支路芯线的线头紧密缠绕在干路芯线上5~8圈后剪去多余线头即可。可以将上下支路芯线的线头向一个方向缠绕（下图a)，也可以向左右两个方向缠绕（下图b)。

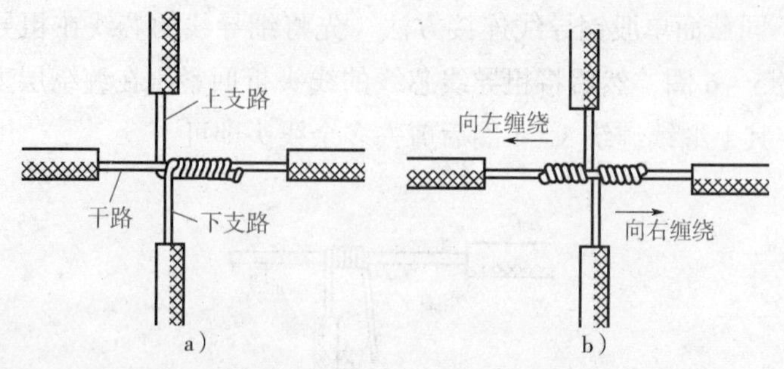

单股铜导线的十字分支连接图

3. 多股铜导线的直接连接

多股铜导线的直接连接如下图所示。

首先将剥去绝缘层的多股芯线拉直，将其靠近绝缘层的约 1/3 芯线绞合拧紧，而将其余 2/3 芯线成伞状散开，另一根需要连接的导线芯线也如此处理。接着将两伞状芯线相对着互相插入后捏平芯线，然后将每一边的芯线线头分作 3 组，先将某一边的第 1 组线头翘起并紧密缠绕在芯线上，再将第 2 组线头翘起并紧密缠绕在芯线上，最后将第 3 组线头翘起并紧密缠绕在芯线上。以同样方法缠绕另一边的线头。

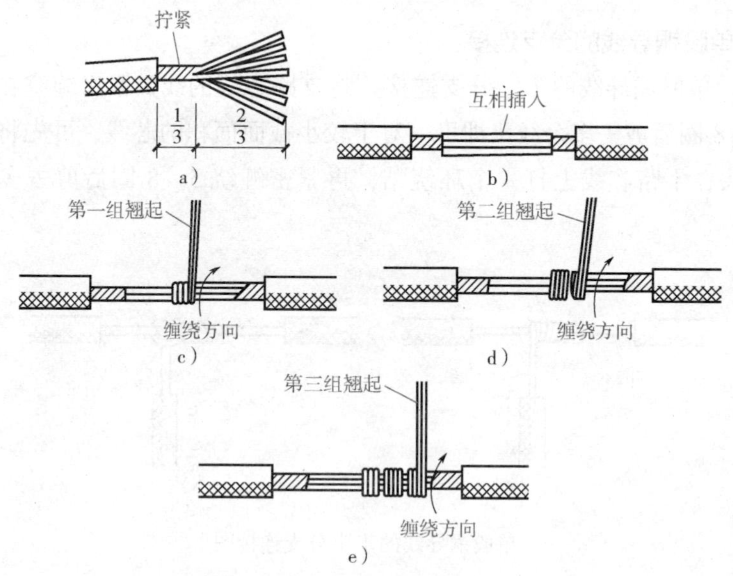

多股铜导线的直接连接图

4. 多股铜导线的分支连接

多股铜导线的 T 字分支连接有两种方法，一种方法如下图所示，将支路芯线90°折弯后与干路芯线并行（下图a），然后将线头折回并紧密缠绕在芯线上即可（下图b）。

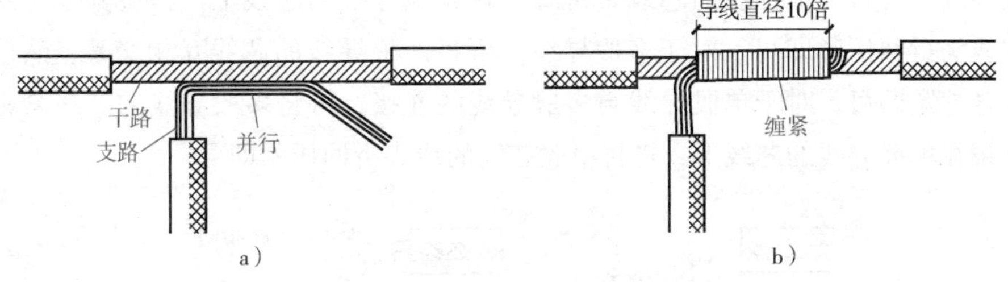

多股铜导线的分支连接图一

另一种方法如下图所示。

将支路芯线靠近绝缘层的约1/8芯线绞合拧紧，其余7/8芯线分为两组（下图a），一组插入干路芯线当中，另一组放在干路芯线前面，并朝右边按下图b所示方向缠绕4～5圈。再将插入干路芯线当中的那一组朝左边按下图c所示方向缠绕4～5圈，连接好的导线如下图d所示。

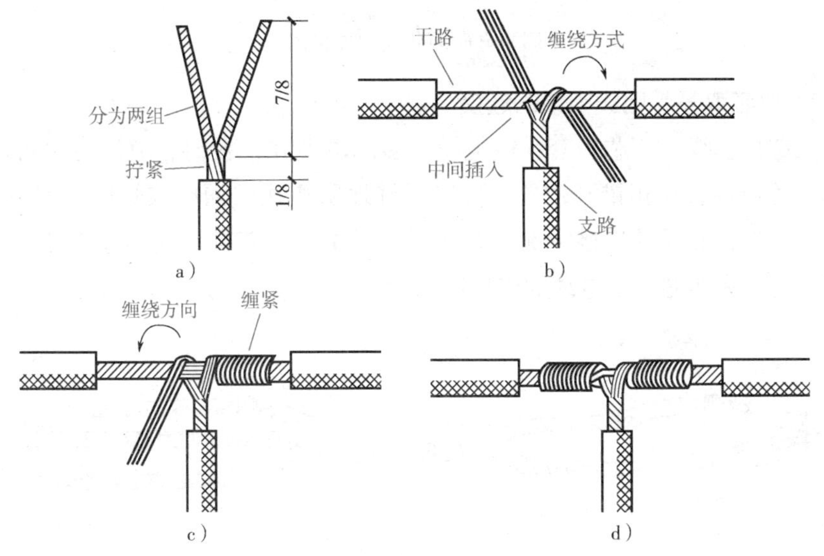

多股铜导线分支连接图二

5. 单股铜导线与多股铜导线的连接

单股铜导线与多股铜导线的连接方法是先将多股导线的芯线绞合拧紧成单股状，再将其紧密缠绕在单股导线的芯线上5～8圈，最后将单股芯线线头折回并压紧在缠绕部位即可。

6. 同一方向的导线的连接

当需要连接的导线来自同一方向时，可以采用下图所示的方法。对于单股导线，可将一根导线的芯线紧密缠绕在其他导线的芯线上，再将其他芯线的线头折回压紧即可。对于多股导线，可将两根导线的芯线互相交叉，然后绞合拧紧即可。对于单股导线与多股导线的连接，可将多股导线的芯线紧密缠绕在单股导线的芯线上，再将单股芯线的线头折回压紧即可。

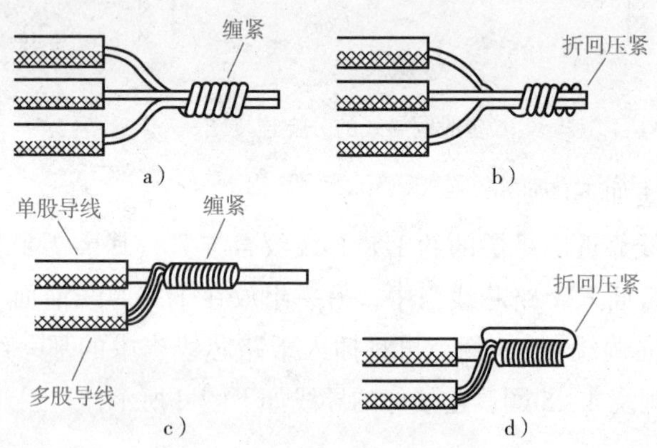

同一方向的导线的连接图

7. 双芯或多芯电线电缆的连接

双芯护套线、三芯护套线或电缆、多芯电缆在连接时，应注意尽可能将各芯线的连接点互相错开位置，可以更好地防止线间漏电或短路。如下图 a 所示为双芯护套线的连接情况，如下图 b 所示为三芯护套线的连接情况，如下图 c 所示为四芯电力电缆的连接情况。

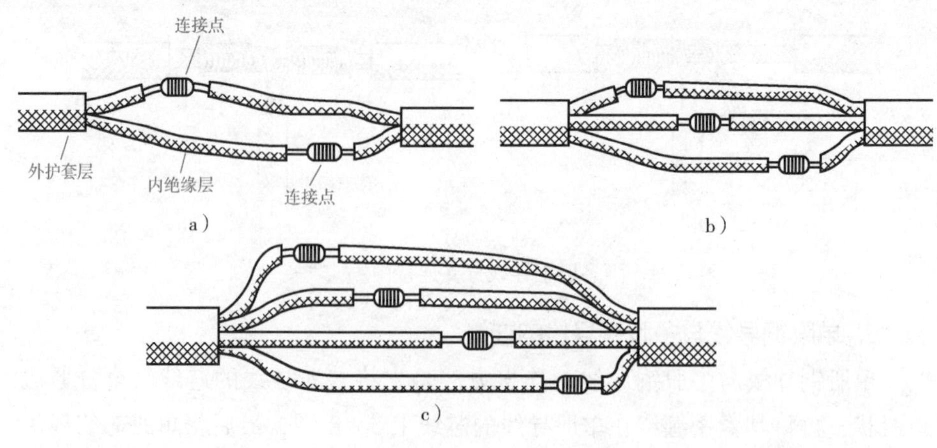

双芯或多芯电线电缆的连接图

二、紧压连接

紧压连接是指用铜或铝套管套在被连接的芯线上，再用压接钳或压接模具压紧套管使芯线保持连接。铜导线（一般是较粗的铜导线）和铝导线都可以采用紧压连接，铜导线的连接应采用铜套管，铝导线的连接应采用铝套管。紧压连接前应先清除导线线芯表面和压接套管内壁上的氧化层和沾污物，以确保其接触良好。

1. 铜导线或铝导线的紧压连接

压接套管截面有圆形和椭圆形两种。圆截面套管内可以穿入一根导线，椭圆截面套管内可以并排穿入两根导线。圆截面套管使用时，将需要连接的两根导线的芯线分别从左右两端插入套管相等长度，以保持两根芯线的线头的连接点位于套管内的中间。然后用压接钳或压接模具压紧套管，一般情况下只要在每端压一个坑即可满足接触电阻的要求。在对机械强度有要求的场合，可在每端压两个坑。对于较粗的导线或机械强度要求较高的场合，可适当增加压坑的数目。

椭圆截面套管使用时，将需要连接的两根导线的芯线分别从左右两端相对插入并穿出套管少许，然后压紧套管即可。椭圆截面套管不仅可用于导线的直线压接，而且可用于同一方向导线的压接；还可用于导线的 T 字分支压接或十字分支压接。

2. 铜导线与铝导线之间的紧压连接

当需要将铜导线与铝导线进行连接时，必须采取防止电化腐蚀的措施。因为铜和铝的标准电极电位不一样，如果将铜导线与铝导线直接绞接或压接，在其接触面将发生电化腐蚀，引起接触电阻增大而过热，造成线路故障。常用的防止电化腐蚀的连接方法有两种。一种方法是采用铜铝连接套管。铜铝连接套管的一端是铜质，另一端是铝质。使用时将铜导线的芯线插入套管的铜端，将铝导线的芯线插入套管的铝端，然后压紧套管即可。

另一种方法是将铜导线镀锡后采用铝套管连接。由于锡与铝的标准电极电位相差较小，在铜与铝之间夹垫一层锡也可以防止电化腐蚀。具体做法是先在铜导线的芯线上镀上一层锡，再将镀锡铜芯线插入铝套管的一端，铝导线的芯线插入该套管的另一端，最后压紧套管即可。

三、焊接

焊接是指将金属（焊锡等焊料或导线本身）熔化融合而使导线连接。电工技术中导线连接的焊接种类有锡焊、电阻焊、电弧焊、气焊、钎焊等。

◀第四节　导线连接处的绝缘处理▶

一、一般导线接头的绝缘处理

一字形连接的导线接头可按下图所示进行绝缘处理。先包缠一层黄蜡带，再包缠一层黑胶布带。将黄蜡带从接头左边绝缘完好的绝缘层上开始包缠，包缠两圈后进入剥除了绝缘层的芯线部分（下图 a）。包缠时黄蜡带应与导线成 55°左右倾斜角，每圈压叠带宽的 1/2（下图 b），直至包缠到接头右边两圈距离的完好绝缘层处。然后将黑胶布带接在黄蜡带的尾端，按另一斜叠方向从右向左包缠（下图 c、d），仍每圈压叠带宽的 1/2，直至将黄蜡带完全包缠住。包缠处理中应用力拉紧胶带，注意不可稀疏，更不能露出芯线，以确保绝缘质量和用电安全。对于 220V 线路，也可不用黄蜡带，只用黑胶布带或塑料胶带包缠两层。在潮湿场所应使用聚氯乙烯绝缘胶带或涤纶绝缘胶带。

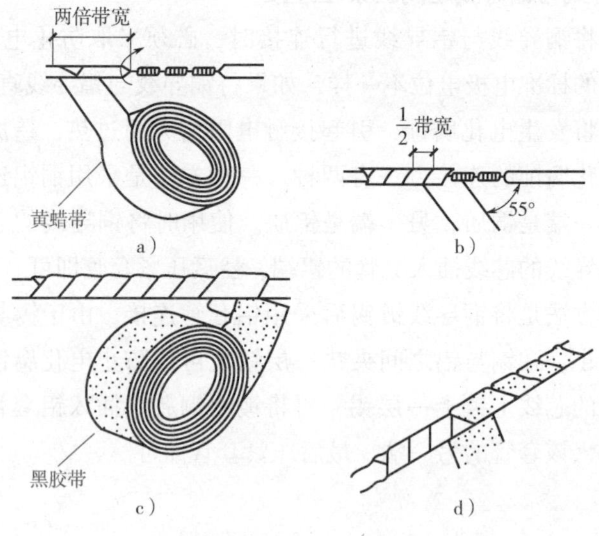

一般导线接头的绝缘处理图

二、T 字分支接头的绝缘处理

基本方法同上，T 字分支接头的包缠方向如下图所示，走一个 T 字形的来回，使每根导线上都包缠两层绝缘胶带，每根导线都应包缠到完好绝缘层的两倍胶带宽度处。

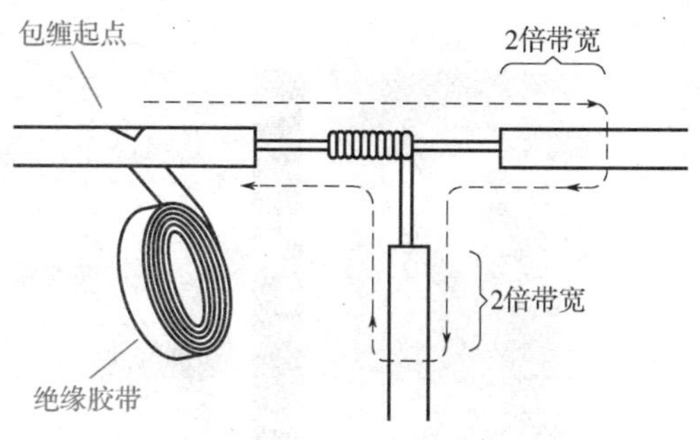

T 字分支接头的绝缘处理

三、十字分支接头的绝缘处理

对导线的十字分支接头进行绝缘处理时，包缠方向如下图所示，走一个十字形的来回，使每根导线上都包缠两层绝缘胶带，每根导线也都应包缠到完好绝缘层的两倍胶带宽度处。

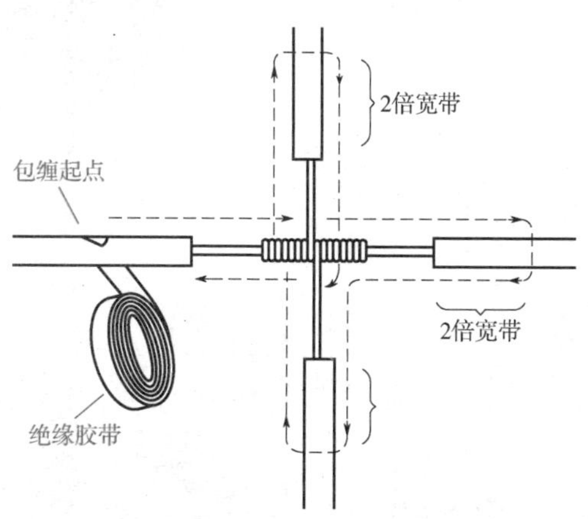

十字分支接头的绝缘处理图

◀第五节　家庭配电箱的安装▶

在动手安装配电箱之前，首先要根据配电箱的施工方案，了解配电箱的安装位置与线路走向。

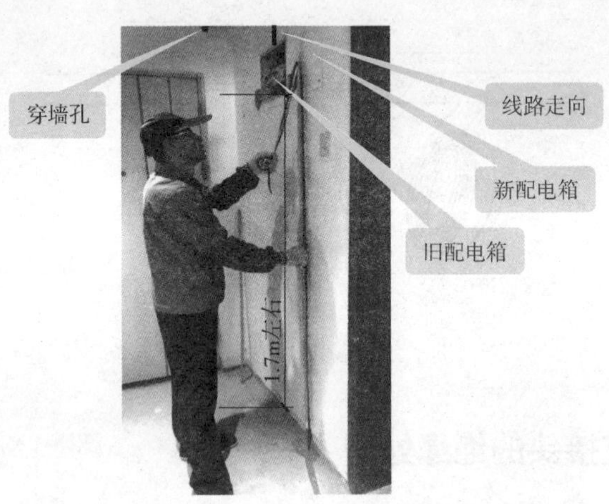

配电箱放置在门外楼道内，安装在无振动的承重墙上，配电箱下沿距离地面为1.7m左右，从配电箱引出的供电线路采用暗敷形式，由位于门左上角的穿墙孔引入室内。

规划好配电箱的安装位置和线路走向后，再按照室内配电箱的安装流程并结合规划原则进行安装操作。

在安装之前把配电箱里面的线路连接好。
安装电度表应严格按照电度表上的标识进行连接。

根据已经放好的新配电箱位置，在墙面打孔。
（根据固定配电箱的螺钉在墙上打孔）之后再钉入木楔子。

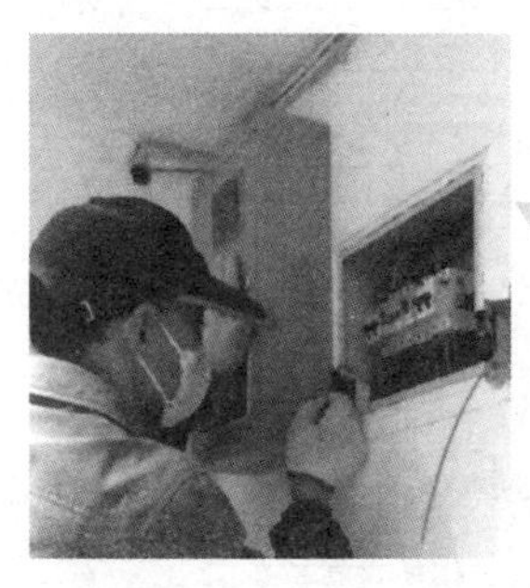

为了方便线路的连接，需要在新增配电箱的墙面上进行钻孔操作。在新与旧的配电箱相应位置上做好需要钻孔的标记。之后进行钻孔。

钻孔

使用固定螺钉将配电箱固定在墙上。

配电盘外壳安装固定完成后，接下来就需要对断路器进行安装连接了，首先将配电盘中需要的断路器全部安装到配电盘的安装轨上，然后将配电箱引来的火线和零线分别与配电盘中的总断路器进行连接。

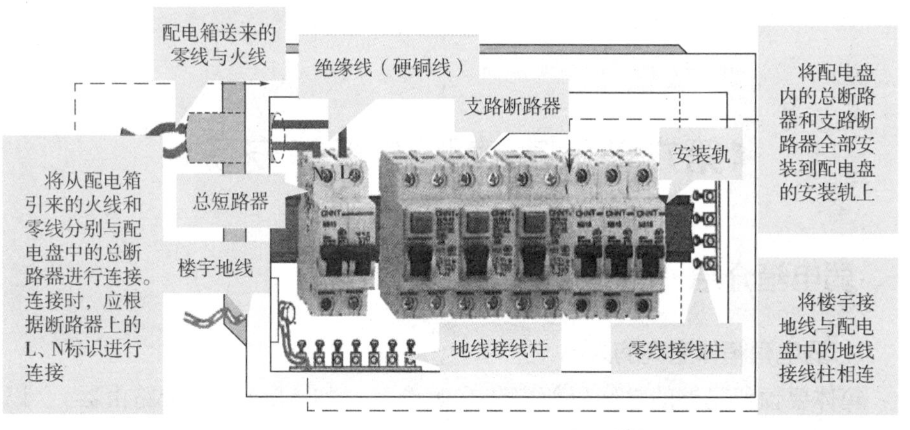
配电箱送来的零线与火线
绝缘线（硬铜线）
支路断路器
将配电盘内的总断路器和支路断路器全部安装到配电盘的安装轨上
安装轨
将从配电箱引来的火线和零线分别与配电盘中的总断路器进行连接。连接时，应根据断路器上的L、N标识进行连接
总短路器
楼宇地线
地线接线柱
零线接线柱
将楼宇接地线与配电盘中的地线接线柱相连

配电盘中总断路器安装连接完成后，将经过总断路器的零线和火线分别送入各支路断路器中。

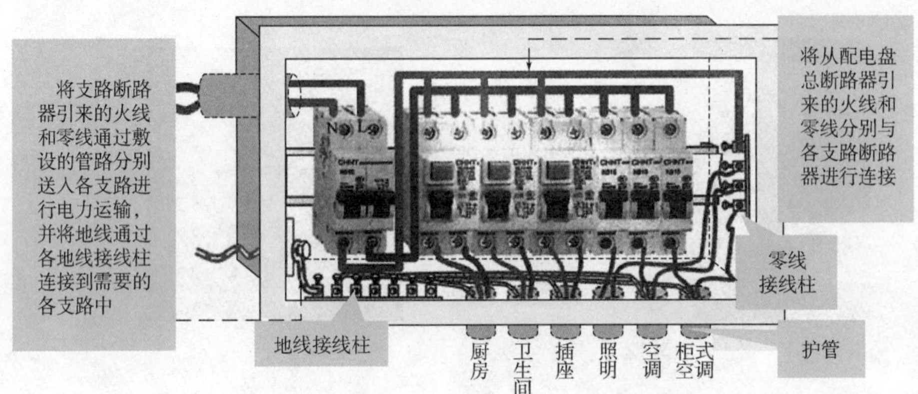
将支路断路器引来的火线和零线通过敷设的管路分别送入各支路进行电力运输，并将地线通过各地线接线柱连接到需要的各支路中
将从配电盘总断路器引来的火线和零线分别与各支路断路器进行连接
零线接线柱
地线接线柱
护管
厨房
卫生间
插座
照明
空调
柜式空调

配电盘的所有线路连接完成后，将配电盘的绝缘外壳安装上，并标记上支路名称即完成了配电盘的安装。

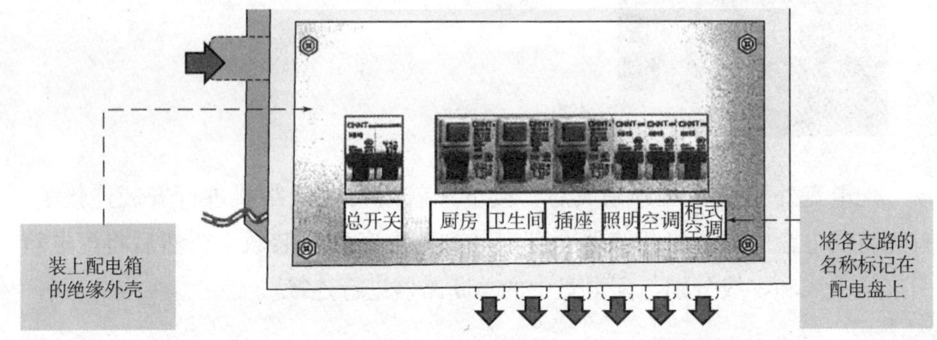
总开关
厨房
卫生间
插座
照明
空调
柜式空调
装上配电箱的绝缘外壳
将各支路的名称标记在配电盘上

◀第六节　家庭弱电箱的安装▶

一、弱电箱介绍

1. 弱电箱箱体空间的大小

箱体要预留足够的空间以便安装有源设备（如 ADSL、宽带路由器），以实现多台计算机共享宽带同时上网等功能。

2. 弱电箱里的设备

（1）有源设备　宽带路由器、电话交换机、有线电视信号放大器等。

（2）模块化　弱电箱里面的有源设备是厂家特定的集成模块。

（3）成品化　弱电箱里面的有源设备是采用现有厂家的成品设备。

3. 选购家庭弱电箱时的建议

1）箱体空间尽可能大一些，可安装有源设备，并配置电源插座，给有源设备提供电源。

2）采用市面上成熟品牌的成品化的有源设备（如宽带路由器等）。

3）（有线电视模块、电话分配模块等）无源设备采用弱电箱厂家生产的配套模块，以保持箱体内的整洁美观。

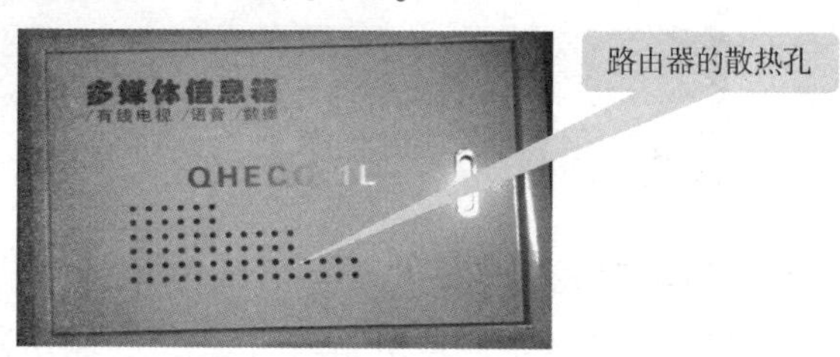

二、家用弱电箱的配置

弱电箱配置按照功能上区分有四种类型。

1. 经济型

经济型弱电箱只有家装最基本的线路，支持电话、有线、数字电视和网线。分配客厅、房间的电话线、有线电视和网线。

2. 标准型

标准型弱电箱有四类基本线路，在所有房间安装电话和网络出口，在大门和主要室内、厅安装视频监控、有线电视和影音出口、防盗报警器。

3. 增强型

具有五大类基本系统，在居室所有房间内安装电话、网络出口，在大门和主要厅、房内安装视频监控、有线电视和影音出口、防盗报警器。

4. 豪华型

六大类基本系统（电话、有线电视支持现在的数字电视、网络、音频视频、防盗报警视频监控、红外遥控转发），在居室内所有需要和可能的位置安装电话、网络。在大门及主要厅、房

弱电箱图

内安装视频监控、有线电视和影音出口、防盗报警器。

三、弱电箱的安装顺序

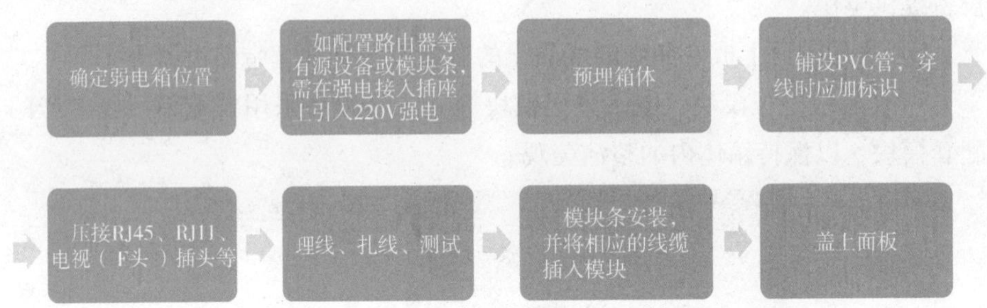

建议用户把220V的电源线引入弱电箱，在弱电箱旁安装一个墙壁开关（甚至带遥控的墙壁开关），方便控制弱电箱内的ADSL、路由器等有源设备的电源。

四、放置无线路由器

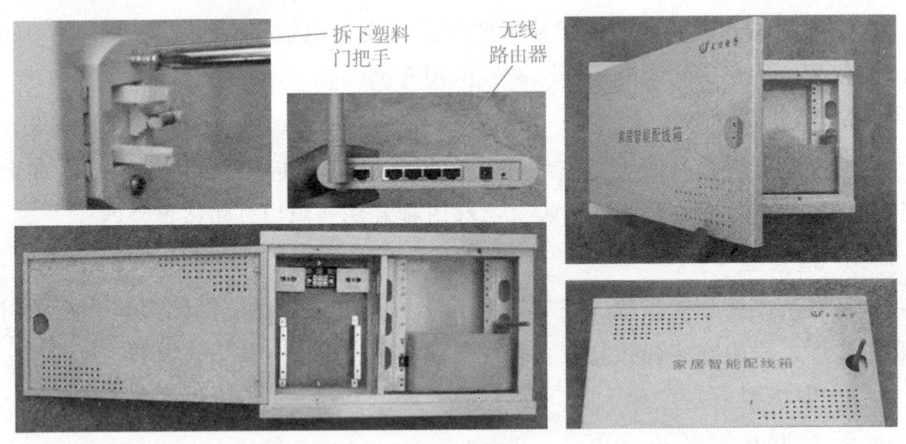

第七节　网络插座的安装

室内网络插座（网络信息模块）是网络通信系统与用户计算机连接的端口。

安装网络插座，主要是将入户的网络传输线（双绞线）与网络接线盒进行连接安装，以便用户可以通过网络接线盒上的传输接口（RJ-45 接口）与计算机等设备进行连接，即与网络连接。

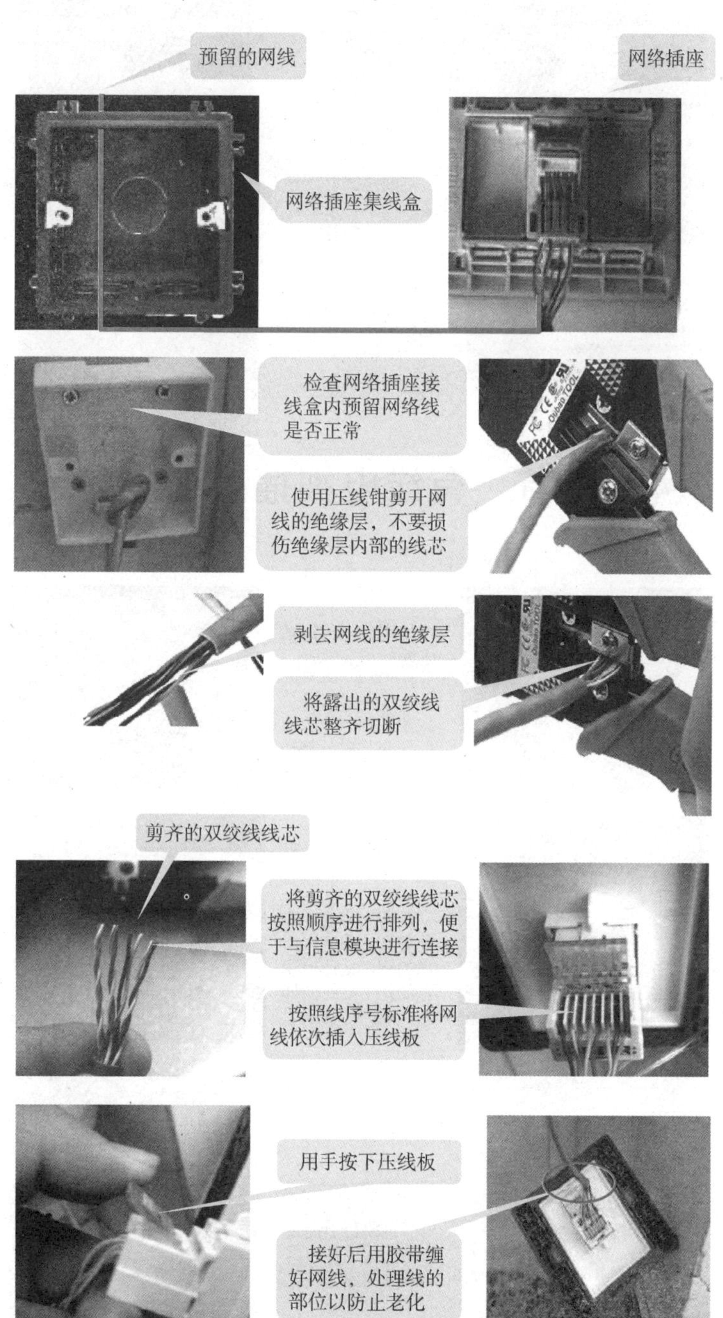
预留的网线
网络插座
网络插座集线盒
检查网络插座接线盒内预留网络线是否正常
使用压线钳剪开网线的绝缘层，不要损伤绝缘层内部的线芯
剥去网线的绝缘层
将露出的双绞线线芯整齐切断
剪齐的双绞线线芯
将剪齐的双绞线线芯按照顺序进行排列，便于与信息模块进行连接
按照线序号标准将网线依次插入压线板
用手按下压线板
接好后用胶带缠好网线，处理线的部位以防止老化

用网络测线仪，测试一下是否接通

将连接好的网络插座放到插座接线盒上

将固定螺钉放在网络插座与接线盒的固定孔中拧紧

将网络插座的护板安装在模板上

◀第八节　有线电视插座的安装▶

使用剪刀将同轴电缆的护套剪开

将通轴电缆的网状屏蔽层向外翻转

剪掉铝复合薄膜

用剪刀将内绝缘层剪开，即露出内部的铜芯，值得注意的是不要将内部的线网内芯剪断

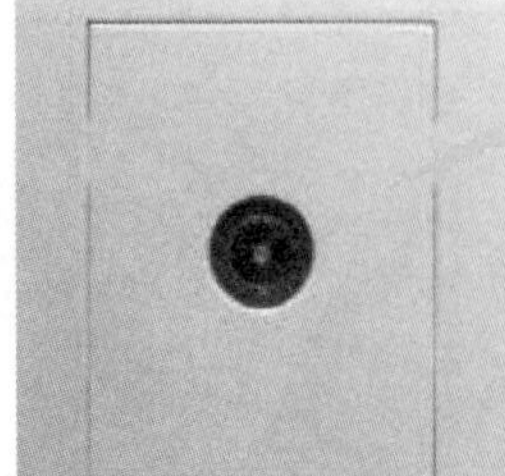

将有线电视插座的护盖打开

拧下插座内部信息模板上固定卡的固定螺钉，拆除固定卡

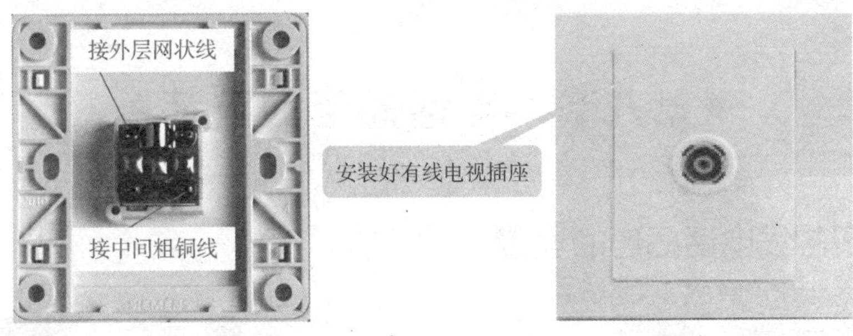

注意事项：

1）一定要确认好开孔尺寸；如果是自己开孔，一定不要把孔开大，需要专业工具配合。

2）安装接线盒时先不要撕毁接线盒表面的保护膜。

3）接线盒面板边缘较薄，注意不要划伤、磕碰。

4）线缆预留长度应该在能够把接线盒全部拿出台面25cm范围。

接线盒的安装注意事项：

1）在安装的时候，应选择距地面高度为1.3～1.5m的地方，若室内装有护墙木板，至少离木板顶端20cm以上，避免引起火灾。

2）开关、插座面板应安装端正、严密，并与墙面平齐。

3）明敷线路上的开关、插座应安装在明装底盒上，厨房内开关、插座应装有必要的防水罩，以免有水进入盒内导致短路现象的出现。

4）在插座安装时，不得安装在床头或桌面等木质材料上，以免用户不小心接触插孔内带电体。

5）家有小孩的用户，明装插座的安装高度应不低于1.8m。

值得注意的是凡要求接地的场所，均应该采用带有保护的插座，即单相设备用三孔插座，三相设备用四孔插座，必须有接地保证。安装时所有导线应充分与接线铜柱接触，并不得有锈蚀、氧化，上述缺陷易导致意外事故的发生。

6）尽量避免多股线同时装入同一接线柱内，负载超过线路功率而引起过载。

7）安装扣位式接线盒时，可将面板先行卸下，待装修完毕时再装上，或者用塑料袋裹住面板进行装配，避免因环境装修而引起的面板污损现象。

特别注意，接线应在线路无电情况下进行。

第九节　电话插座的安装

一、四芯线电话插座的连接

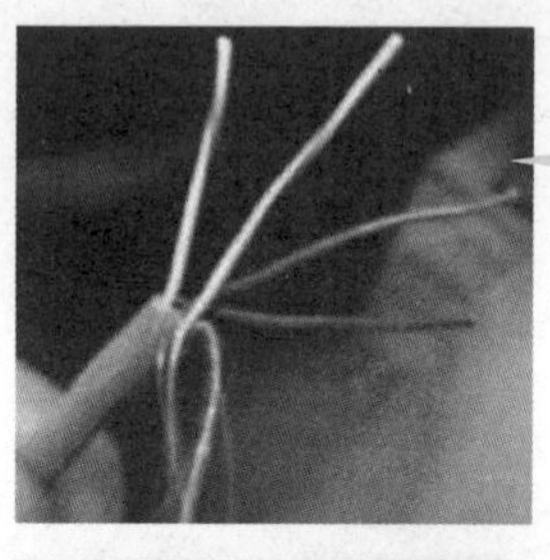

用网线钳至端头约20cm处剥开电话线外皮，并为绝缘导线解纽
注意：不得伤及导线

打开电话插座面板

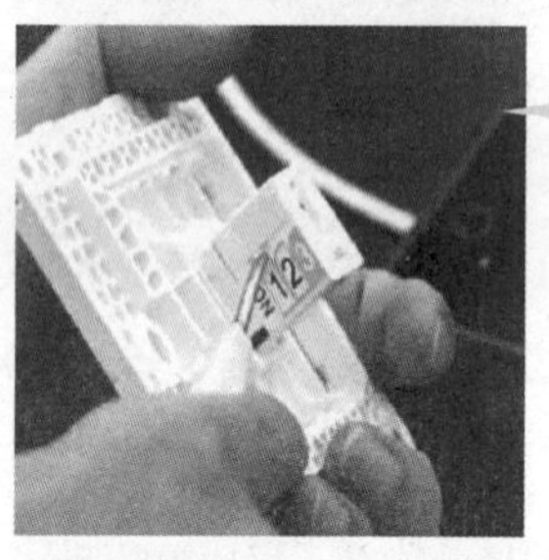

取下防尘盖

把导线按1～4的排列顺序将导线放入功能件的卡线槽内
（注意：控制卡线槽内的导线长度）

用打线工具将四根导线打入槽内

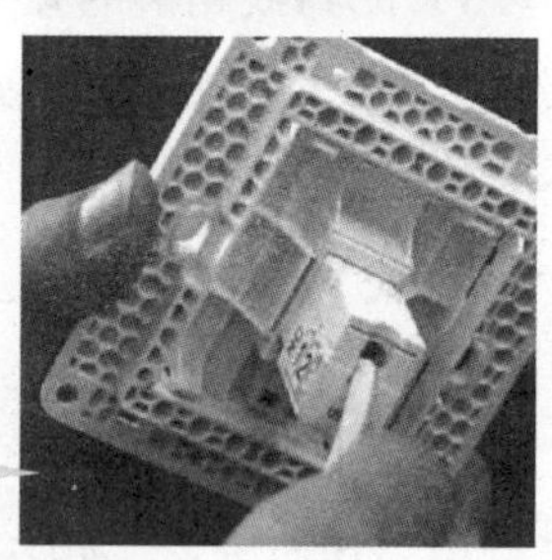

盖上防尘盖
（注意：把多余线头去掉）

二、电话水晶头

1. 电话水晶头的种类与区别

电话的水晶头有两种，一种是输入线，另一种是听筒线。这两种线的水晶头都有四个接线槽，区分它们的方法如下：

1）输入线水晶头比听筒线水晶头大。

2）输入线是直的，而听筒线是做成弹簧状的。但是，要注意输入线也有弹簧状的。

3）输入线的接法可不分正负，将线插入中间两个槽，再用压片压紧、压实即可。

4）听筒线中间两个槽是麦克连接端，两边的槽是受话器连接端。

2. 电话水晶头的制作

电话线水晶头的制作没有太多的要求，只需要两头能通就可以，而且只需要两条线就可以了。虽然电话线用的只有两条线，这只是对普通的电话机可以正常使用。如果是前台值班总机、话务员电话还是要用到四芯的。所以建议做电话线的时候做四芯到电话线水晶头里。下面以四芯的电话线为例，来介绍水晶头的制作。

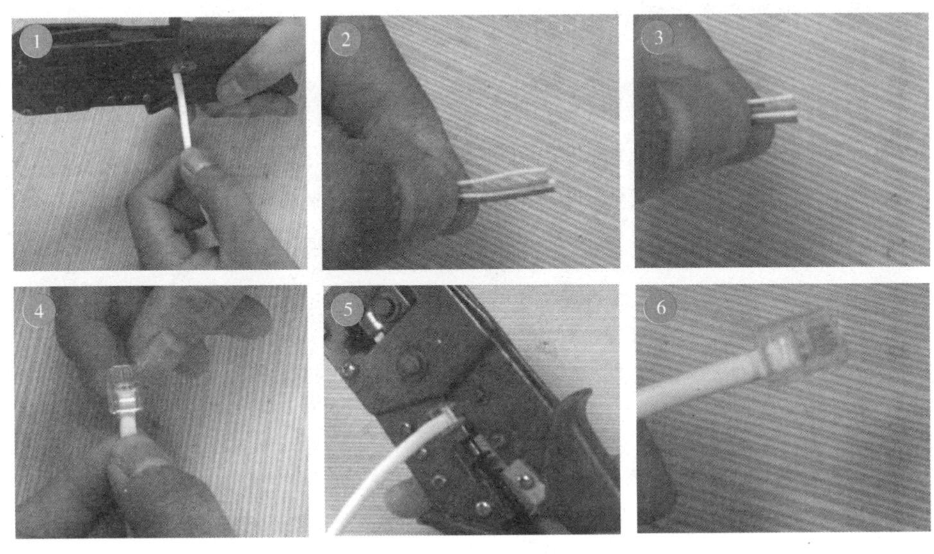

1）用压线钳的剪线刀口把电话线外皮剥去长约 0. 5m。

2）电话线没有线序的要求。只需要两头一样就可以了，排列好。

3）用压线钳的剪线刀口把电话线顶部剪整齐。

4）将整理好的电话线插入水晶头内。插入的时候需要注意缓缓地用力把 4 条线缆同时沿 RJ-11 头内的 4 个线槽插入，一直插到线槽的顶端。

5）用压线钳上面的 P6 槽把水晶头上的铜片压下去，电话线的水晶头完成。

三、电话线的基本连接

1）电话线有二芯线与四芯线之分。

2）二芯电话线没有顺序、没有极性之分。

3）普通话机一般采用二芯线连接即可。

4）四芯专用话机的电话线必须按顺序来连接。

5）数字电话需要 4 条线都接。

6）对于一般家居装饰来说，4 根线可以同时接 2 部电话，如果接一部电话，则用红线、蓝线来接电话，其他 2 根备用。

7）四芯电话线安装两部电话的一般接法是双绞的二芯成一对，即红一蓝，绿一黄（白）。

8）电话线最好与电源线或是其他高频线路保持 1m 以上距离。

9）如果要两个电话不串线，需要用一个分线盒，中间的 2 根接一部，两边的接一部。

10）如果一个只是分机器，则用两对线芯，每一对线芯一根线接红线，一根线接蓝线。

11）没有专用的电话线可以用网线的橙、白橙来代替电话线的接入。

12）电话线、有线电视线不得和电线穿在同一根 PVC 管内。

第七章　家装水工基础改造

◀第一节　水路施工流程▶

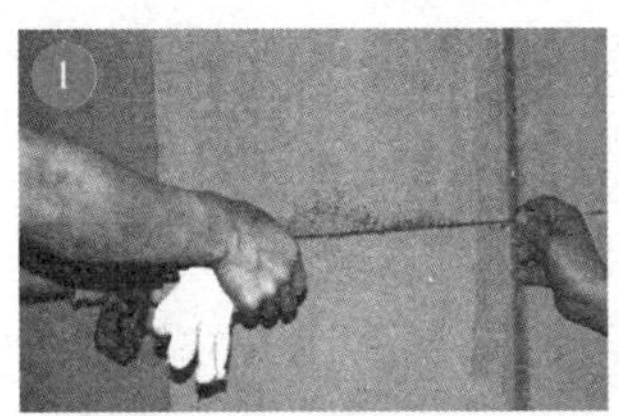
弹线定位

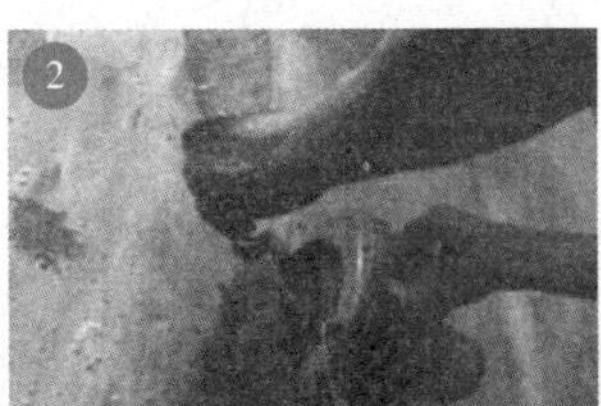
开槽开孔

水管安装

防水处理

管道固定

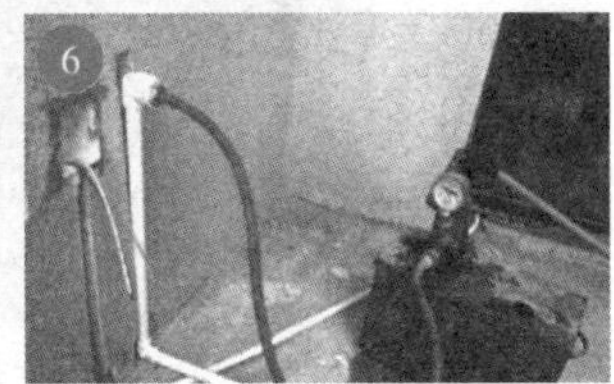
打压试水

注意事项

1）在进行水路施工之前，一定要与施工方签订正规的合同，并且在合同中注明修改责任、赔偿损失的责任，还有保修的期限。

2）在水路施工之前，一般情况下水工都会对现场进行检查。其需要检查的主要内容有房屋是不是有裂缝、家中的主管道以及接头是不是有漏水的现象。另外，对于卫生间，一般情况下需要做48h的蓄水试验，检查完毕之后，业主便可以签字。

3）水系统安装前，必须检查水管、配件是否有破损、砂眼等。管与配件的连接，必须正确且加固。给水排水系统布局要合理，尽量避免交叉，严禁斜走。

4）水路的走线以及开槽，要确保管道能够暗埋在墙内和地面内，管道不应该在外面有裸露的部分。

5）安装PPR管时，热熔接头的温度必须达到250～400℃，熔接后接口必须无缝隙、平滑、接口方正。安装PVC下水管时要注意放坡，保证下水畅通，无渗漏、倒流现象。

◀第二节 水路施工具体施工步骤▶

一、施工定位

1. 施工定位操作

水路施工的第一步是确定路线，需要用墨线画线，勾画出水路走管的路线。在确定水路管线的路线时，要保护原有结构的各种管道及设施，不能使其受到破坏。

管路线尽量简洁，减少水流损失。

2. 家装中的施工尺寸要求

1）台盘冷/热水高度：50cm。

2）墙面出水台盘高度：95cm。

3）墩布池高度：60～75cm。

4）标准浴缸高度：75cm；冷水/热水管中心距：15～20cm。

5）按摩式浴缸高度：15～30cm。

6）淋浴高度：100～110cm，冷水/热水管中心距：15～20cm。

7）热水器高度（燃气）：130～140cm；热水器高度（电加热）：170～190cm。

8）小洗衣机高度：85cm；标准洗衣机高度：105～110cm。

9）坐便器高度：25～30cm。

10）蹲便器高度：100～110cm。

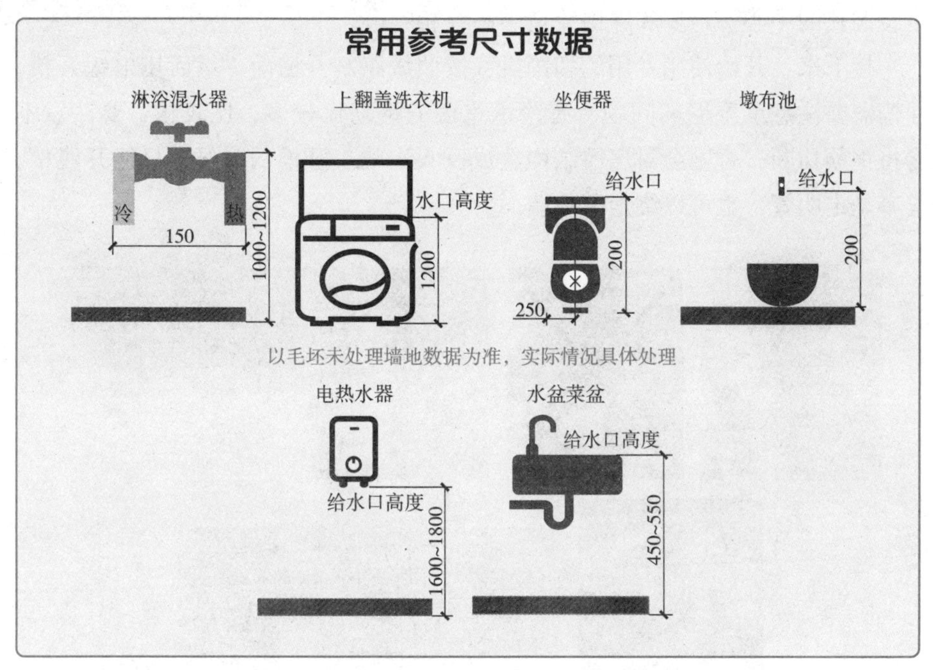

上述尺寸仅供参考，但需要注意的是每个家庭的装修情况都不同，可根据自己家的装修要求来进行调整。

3. 注意事项

1）遵循“水走天”原则，遇到需要出水的地方，则开竖槽往下，易于后期维护。

2）正对给水口方向，左热右冷，特殊要求例外。

3）用专用管剪裁切，断管垂直平整无毛刺。

4）PP-R 管要用热熔连接，接口强度大，安全性能高。

5）一定要在施工前，对下水口、地漏做好封闭保护，防止水泥、砂石等杂物进入，避免下水道堵塞，否则极难清理。

6）给水管顶面用金属吊卡固定，直线固定卡间距一般不大于 600mm。

7）排水管改造注意原金属管与 PVC 管连接部位要特殊处理，以防漏水。

8）洗衣机地漏最好不采用深水封地漏，下水慢可能倒溢。

二、画线开槽

弹线之后就是开槽了。要根据管路施工的要求，在墙面标出穿墙管路的中心位置，然后用十字线标在墙面上，接着再用冲击钻打洞孔。需要注意的是，洞孔的中心一定要和穿墙管道中心线相吻合。

接下来，开始使用专用的切割机，按照线路割开槽面，然后用电锤开槽。开槽需要注意承重墙的问题，有些承重墙的钢筋比较多、比较粗，要注意不能将钢筋切断，否则会对房屋结构造成巨大影响。开槽的时候，只能开浅槽，或者是走明管，也可以绕走其他墙面。

水管开槽的深度是有讲究的，冷水埋管后的批灰层要大于 1cm，热水埋管后的批灰层要大于1.5cm

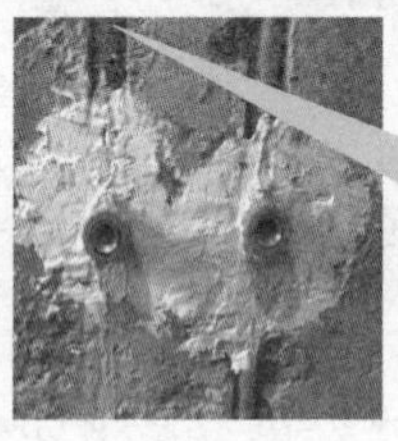

冷水/热水管分别开槽走管。铺设时应左热右冷，平行间距不小于 200mm；洗手间及厨房沿墙身横向铺设时应上热下凉，间距 100mm，最下面一条管必须走在做好的地面到墙身高度400mm处

三、敷设给水管及排水管

1. PP-R 管的熔接方法

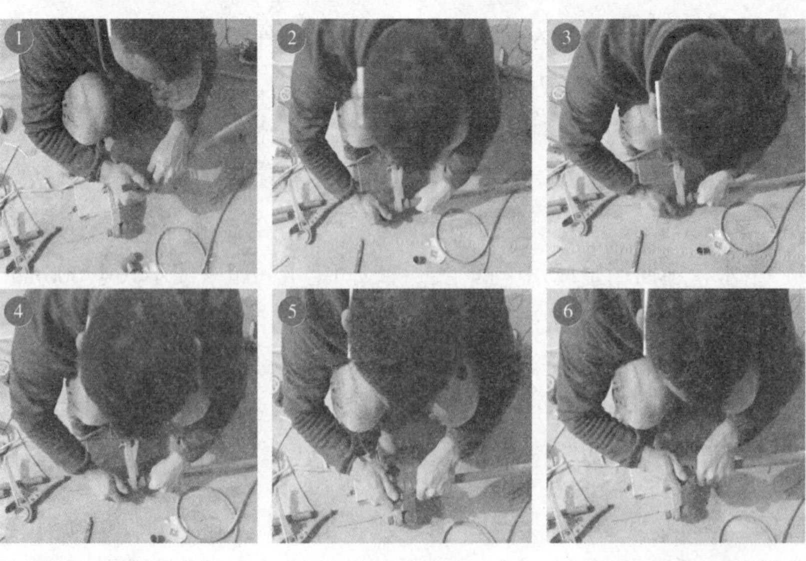

1）首先用专用的标尺和合适的笔在管材上测量出实际使用的尺寸，然后用专用的剪切工具剪切管材。

2）剪切后的管材端面应去除毛边和毛刺。管材与管件连接端面必须清洁、干燥、无油污。

3）选择合适的模头，当热熔器加热到240°C时（指示灯亮以后），将管材和管件同时推进热熔器的模头内加热。

4）管材和管件插入不能太深或太浅，否则会造成缩径或不牢固。

5）加热2min左右，当模头上出现一圈PP-R热熔凸缘时，即可将管材和管件从模头上同时取下，迅速无旋转地直插到所标深度，使接头处形成均匀凸缘直至冷却，从而使其结合牢固而完美。

2. 水管安装步骤和技巧

在家居装修时，水管最好安装到顶部，因为水管安装在地面上，需承受瓷砖和人的压力，有踩坏的危险。此外，顶部的优点是检修方便。

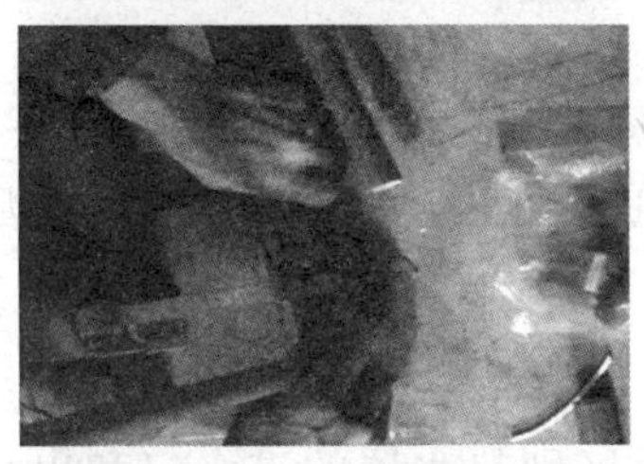

供水管一般采用PP-R热熔管。优点是密封性好，施工快。但是必须提醒工人要小心，如果用力不正确，管道可能会堵塞，导致水流量减少。如果在阀门水管中发生这种情况，便器将不会被清洗干净。

铺设水管后，在密封前，应使用管夹对水管进行固定。冷水管卡之间的距离不超过60cm，热水管卡间距不超过25cm。

安装的冷热水管头的高度应在同一水平面上。只有这样，安装后冷热水开关才能美观。

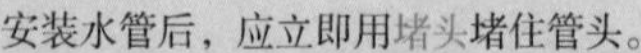

安装水管后，应立即用堵头堵住管头。

完成水管安装后，必须进行压力测试。检查安装的水管是否有渗水或漏水。只有在压力测试合格后才能密封油箱。在压力测试期间，压力机的压力必须达到0.6MPa或更高，等待20～30min或更长时间。如果压力表指针的位置没有变化，则意味着安装好的水管是密封的。

虽然下水管道没有压力，但有必要检查管是否漏水或渗水。

3. 注意事项

1）在施工之前先做好规划，最好是画好相应的图样。

2）卫生间的冷热水管要分开，距离不要太近。在设计时整个管道都应尽量避开弯曲，要尽可能远离电路，管卡的位置、坡度等也要符合要求，每个阀门都要安装平整，以便于日后的使用和维护。

3）安装热水器进出水口时，需要注意的是区别热水器的进水口和出水口，进水的阀门和进气的阀门一定要考虑清楚并安装在相应的位置。在进水口处接上总阀门，出水口处接通向卫生间的管道，安装好之后先打开阀门确定是否有漏水情况的发生，一切正常后，在卫生间安装好水龙头、花洒即可。

4）卫生间水管的安装，一般水管走顶不走地，各冷热水出水口必须水平，一般左热右冷，管路铺设需横平竖直，布局走向要安全合理。

5）出水口必须严格按照国家标准龙头间距尺寸布置，内外螺纹口需要分清。龙头的两个孔的孔心间距是150mm，可以有一点误差，龙头接口可以在一定范围内调节距离来弥补误差。最好是先选龙头，如果出现了错误，需要及时纠正过来，以免造成生活不便。

6）安装完成后需要用试压泵进行试水试验。水能流出来，就证明水管里面是通畅，无堵塞的。最后连接冷热水管试压泵加 0.8MPa 的水压，无跑、冒、滴、漏。未经加压测试不可封闭线槽，避免返工，劳心劳力。

7）在拆除水管时一定要记得先把水闸关掉。

8）在安装水管时，要在管口处绑上麻丝之后，再裹上生胶带。

9）安装完水管试水后，要在水管接口处用手摸一下，看接口处是否漏水。

四、防水处理

室内防水主要是厨卫防水施工。

1. 管口和阴阳角的修补和锚固

厨卫空间管道较多，由于上下水流的通过，管道长期振动容易出现裂纹造成渗漏，且建筑沉降时易造成管口松动而导致漏水。阴阳角要做圆弧形处理，即将 L 形部位处理成 C 形，避免涂刷防水材料的时候造成阴角堆积、阳角漏涂等情况。

2. 防水材料的涂刷

一定要做润湿无明水处理，涂刷要层薄多次。避免太干燥或者单次涂刷过厚引起开裂等现象。后道涂刷要在前道表面干燥之后进行。

3. 找平层的施工注意事项

在防水层完工至少 24h 后再进行找平层施工，且找平层的施工不能破坏防水层，特别是防水层为柔韧性防水材料时。避免尖锐碎片在找平层中导致防水层刺穿漏水。

4. 洗手间、厨房的防水范围

洗手间、厨房的防水范围包括全部地面及高出地面 250mm 以上的四周泛水，喷淋区墙面防水不低于 1.80m。

在厕所、厨房的门口一定要涂好防水涂料，尤其是边角处，一定要高出地面

在厕所、厨房内的管道一定要涂好防水涂料

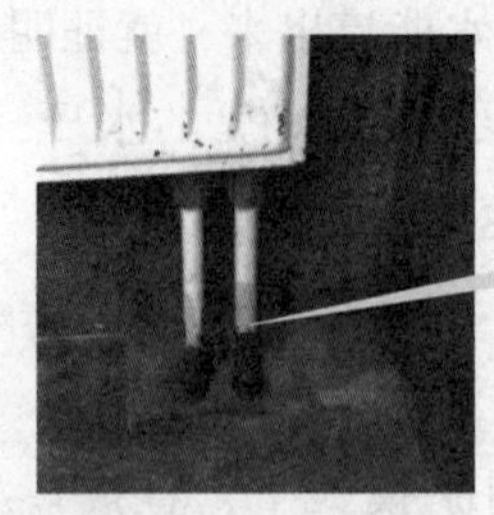

在缝隙处一定要多刷防水涂料，以免漏水

五、安装水表

在新敷设的管道上安装水表前，必须将管道内的杂物冲洗干净后再安装，可使水表计量更加准确可靠，因为水表变慢或停走有很大一部分原因是麻丝、管道内壁的铁瘤、沉淀的泥沙使水表停走。

水表安装应让其表壳上的方向与管道内水的流向保持一致。水表装置的位置，应尽可能便于抄读和换表，防止曝晒和寒风直接侵袭。水表度盘应向上，不得倾斜。如果水表倾斜会使水表翼轮轴间的摩擦阻力加大，甚至造成水表齿轮啮合不正，使水表灵敏度降低，水表会随倾斜角度的增大而越走越慢。

现在推行装表出户的做法，由于户外工作的环境比户内要差得多，集中设置在户外的普通水表组长期受到日晒雨淋，水表内的齿轮长时间处于高温状态，容易变形老化，影响水表的计量精确度。即使在正常的工作环境下长时间使用，水表指针所对的刻度盘也很容易产生污垢，遮盖刻度，使抄表员无法准确读数。因此，在室外安装的水表一般应安装保护盒。

有些水表安装不符合要求，原因是有的水表受安装空间条件的限制，有的水表由于安装工技术知识的缺乏，例如在阀门后紧接着就安装水表；应该水平安装的水表立起来装；为了使读数方便将应朝上的度盘朝向侧面等错误的操作。

水表的基本安装要求：

1）为了保证计量准确，在水表进水口前安装截面与管道相同的至少 5 倍表径以上的直管段，水表出水口安装至少 2 倍表径以上的直管段。

2）水表的上游和下游处的连接管道不能缩径。

3）建议安装流量控制设备（如阀门）和过滤设备。

4）法兰密封圈不得凸出伸入管道内或错位。

第三节　排水管的施工方法

一、PVC 排水管的施工方法

先准备好要接的管件和专用PVC管

把直管锯成相应的尺寸，注意加上插入管件的部分尺寸

在直管向上插入管件的部分抹胶

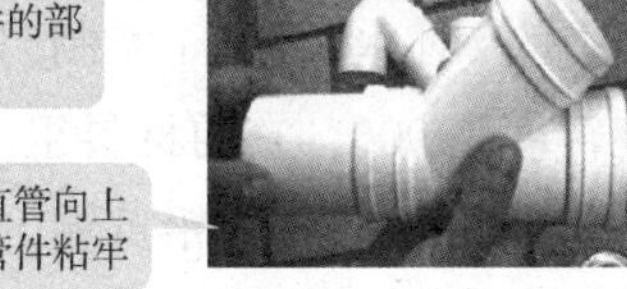

将直管向上插入管件粘牢

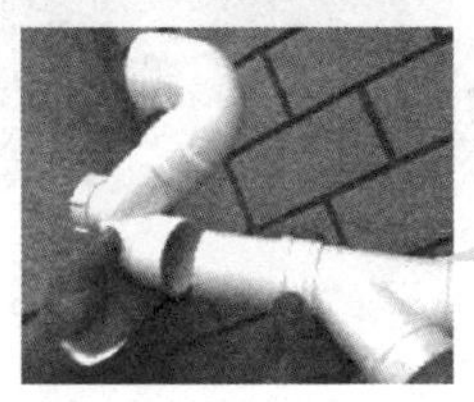

最后将直管直接插入下面的管件，不用抹胶，这样的接法下水管还可以调节

二、厨房排水管路连接

厨房排水主要有下排水与侧排水两种。

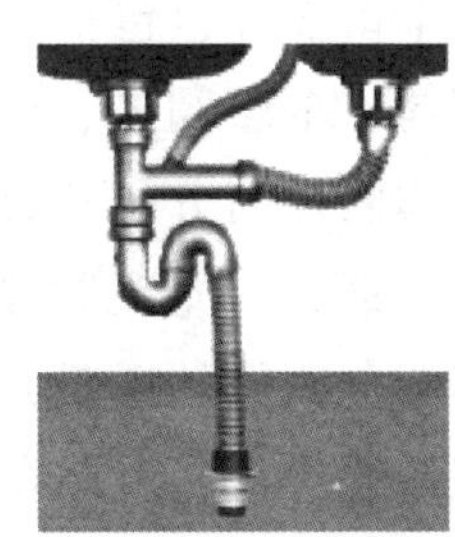

装下排水一般把存水弯装在最底下，这样可以多个下水共用一个存水弯。

侧排水的下水道在厨房主管道上，在地面以上，下水管有一部分横着通向主管道。

下排水在楼下面有存水弯，若楼板上面再装存水弯，就是双重防味，而侧排水是下水管横着连接在主下水管中，一般只能装一个存水弯。

第八章　家装水电配套设施安装

第一节　水龙头的安装

一、水龙头零件

1. 水龙头配件——单控阀芯

这种配件主要是用于控制水龙头的水流，通过旋转对水流进行控制，一般最大的旋转度是90°，它的材料组成主要为铜材料，其中59%为铅黄铜，还有少量的陶瓷片和硅胶做成的O形圈。还有一种是单柄双控阀芯，它的最大旋转角度也是90°，开启角为25°。阀芯是水龙头的心脏，一般陶瓷的阀芯是最耐用的。

阀芯图

2. 水龙头配件——阀体

水龙头的阀体指的是水龙头的整个外表，如今市面上的水龙头阀体材质丰富多样，包括不锈钢阀体、铸铁阀体、全塑阀体、黄铜阀体、锌合金阀体以及高分子复合材料阀体。其中不锈钢的水龙头阀体是最常用的，而锌合金阀体的质量是最好的，具有很高的性价比。因此在选择水龙头阀体的时候要充分考虑其性价比和使用寿命。

阀体图

3. 水龙头配件——滤芯

滤芯是过滤净化功能的专业名词，主要作为净化水的专用工具，一般水龙头都会用到。滤芯分离液体或者气体中固体颗粒，或者使不同的物质成分充分接触，加快反应时间，可保护设备的正常工作或者空气的洁净，当流体进入置有一定规格滤网的滤芯后，其杂质被阻挡，而清洁的流物通过滤芯流出。液体滤芯是使受到污染的液体被洁净到生产、生活所需要的状态，也就是使液体达到一定的洁净度。

滤芯图

4. 水龙头配件——软管

主要是进水的软管，对于浴室主要是抽拉软管。一般为金属材质，主要一种是螺旋形波纹管，另一种是环形波纹管。在购买水龙头软管的时候需要注意的是不要购买铝丝的管子，一般不锈钢软管是最实用的。

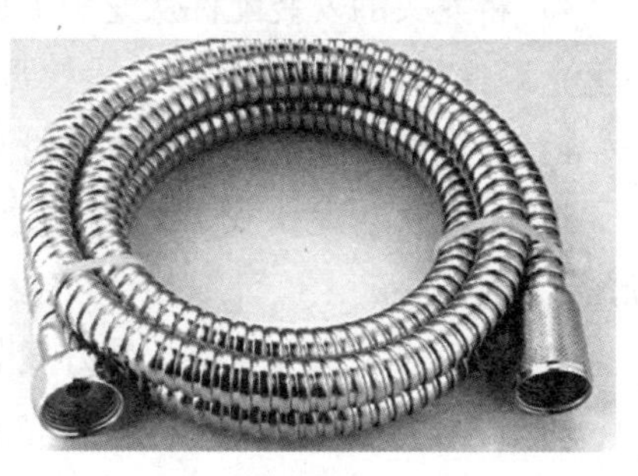

软管图

二、通用水龙头安装

1）清点水龙头零件：胶垫、去水、花洒、胶圈、软管、拐子、装饰帽、生料带。

2）关闭水阀。

3）安装水龙头角阀。

4）顺时针方向缠上几圈生料带在水龙头接口处。

5）用扳手把水龙头朝顺时针方向拧在安装好的三角阀的接口上，用力拧紧。

6）打开龙头测试是否会漏水。

三、卫浴面盆水龙头安装步骤

1）把龙头买来会发现一些基本零件。

2）先把铜扣和一个橡胶垫放进两根软管里面。

3）然后把两根管子的一头从洗脸盆的洞口中穿出来。

4）接着先把橡胶垫穿进软管中，再把钢丝穿进去。

5）再把龙头拿过来，把管子的拧口拧在龙头上。

6）再把钢丝拧在龙头上，放入瓷盆的洞口中固定住龙头。

四、厨房水槽单孔冷热水龙头的安装

1）首先需要确定安装孔是不是冷热水的孔，单孔龙头的安装孔又分单冷和冷热两种。单冷的安装孔是32～40mm。（不同厂家可能有所不同，但是这个范围内是肯定可以装的）

2）安装需要龙头带安装配件，尖头软管2根。

3）将龙头的安装配件从龙头上拆下，套在软管内，从上到下（尖头一边为上）顺序为垫圈、安装脚、大螺母。（其中垫圈为减振缓冲作用）

4）将套好龙头配件的进水软管从水槽下面往上穿。

5）将软管与龙头安装好，软管拧紧即可，不可拧太紧以防造成软管头断裂。

6）拧紧安装脚和龙头，装好安装脚。

7）拧紧大螺母，龙头即安装完成。

五、恒温水龙头安装

1. 恒温水龙头安装要求

1）安装前，询问清楚客户家使用的热水器类型（必须是电热水器、空气能、锅炉、燃气热水器）；容量必须达到20L以上，热水温度必须达到60～80℃。

2）预埋两出水口必须是左热右冷或上热下冷，横平竖直；购买龙头如果两进水口间距是15cm，墙体预埋的两出水口也必须是同等的，误差不能大于或小于1cm。

3）井水、中水及太阳能热水器不建议使用恒温龙头。

4）使用水压必须达到0.05～0.75MPa（也就是水压要有2kg以上）。

5）龙头安装时要看清逆止阀有没有安装好、过滤网有没有安装上。

6）安装时要看清切换阀是靠水压切换的（水压达不到要求时会切换不了）；如果靠提拉切换的（提拉切换是需要旋转方向的），需要告知客户。

7）吊顶的高度必须大于220cm，以防在大花洒上方安装浴霸烤焦大花洒；龙头安装两出水口在完成面的情况下是否在90～100cm。

8）安装好要调试恒温棒是否能调试温度，最高和最低的温度能否正常调试。

9）安装完成后一定要进行检查，安装完的水龙头一定要放水冲洗，避免阻塞。

2. 恒温水龙头安装注意事项

1）自来水中有细小固体硬块的用户不适合使用恒温水龙头。

2）自来水中如含有粉状沉淀物或软质异物可能降低恒温阀芯的敏感度，也可能缩短恒温水龙头的使用寿命。

3）尽量缩短热水器与龙头之间的距离，以使热水能尽快到达龙头。

4）正常的使用水压为0.05～0.6MPa。

5）冷热供水管绝对不能装错，热水管必须在左边，冷水管必须在右边。

6）一定要在安装恒温水龙头之前清理干净安装现场，以免细小的沙石硬块损伤龙头的胶圈、螺纹、恒温阀芯以及其他零件。

7）请按照说明书的指示安装，特别注意不要漏放、遗失或损伤任何的垫片或胶圈。

8）恒温水龙头本身没有加热功能，请将热水器的水温调到60～85℃。

9）花洒和花洒管不能承受60℃以上的高温。

10）每次使用后，请务必将左边的水温调节旋钮调到40℃以下。

11）如热水和冷水的水压相差太大，请用螺钉旋具调节支架的阀门，使用煤气热水器的家庭更需要留意这一点。

六、感应水龙头安装注意事项

1）在安装这种水龙头时一定要保证其感应窗口朝下，与洗手台盆底距离至少要25cm，否则会影响其感应的灵敏度。

2）将要安装感应水龙头位置的进水口水源关闭，才能保证水龙头的安装。

3）从包装中拿出水龙头的龙头体，将龙头体上进水口螺纹用生料带或止泄胶缠绕，并将龙头体旋入壁式上要安装进水管道固定的位置。

4）拆开感应水龙头体上方顶盖凸出部的电池盒盖，把里面的电池盒小心拉出，按照指示电池正负极放入4节新的3号碱性电池，这时龙头体上感应窗红灯会不停地闪烁，等龙头体上感应窗红灯停止闪烁后推入电池盒后锁紧，这样水龙头主体安装完毕。

5）将要安装水龙头处位置的进水口水源打开进行测试，并用水阀钮进行调节出水量大小，如果没有问题就可以投入使用。

七、淋浴、浴缸龙头（挂墙）的安装

1）购买暗装龙头后，一般要把龙头的阀芯预埋在墙内。

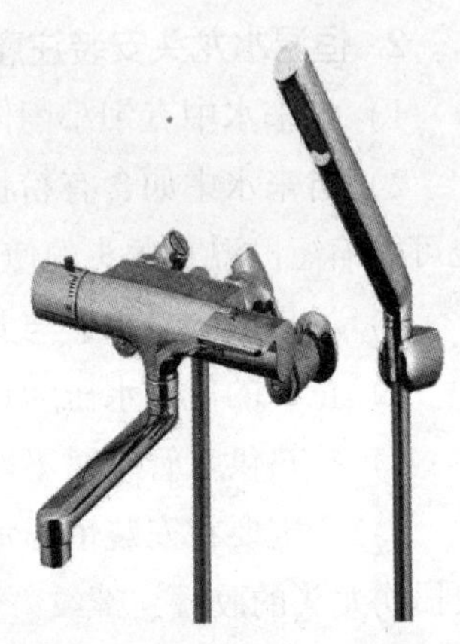

2）预埋前一定要注意卫生间墙体的厚度。墙体太薄的话，阀芯将无法预埋。

3）预埋时阀芯的塑料保护罩不要轻易摘除，以免在预埋时水泥和其他杂务损坏阀芯。

4）另外在预埋阀芯时还应该注意一下阀芯上下、左右的方向，以免阀芯埋错。

5）墙装龙头预埋进水管时尺寸有偏差，可采用调节拐子进行校位。

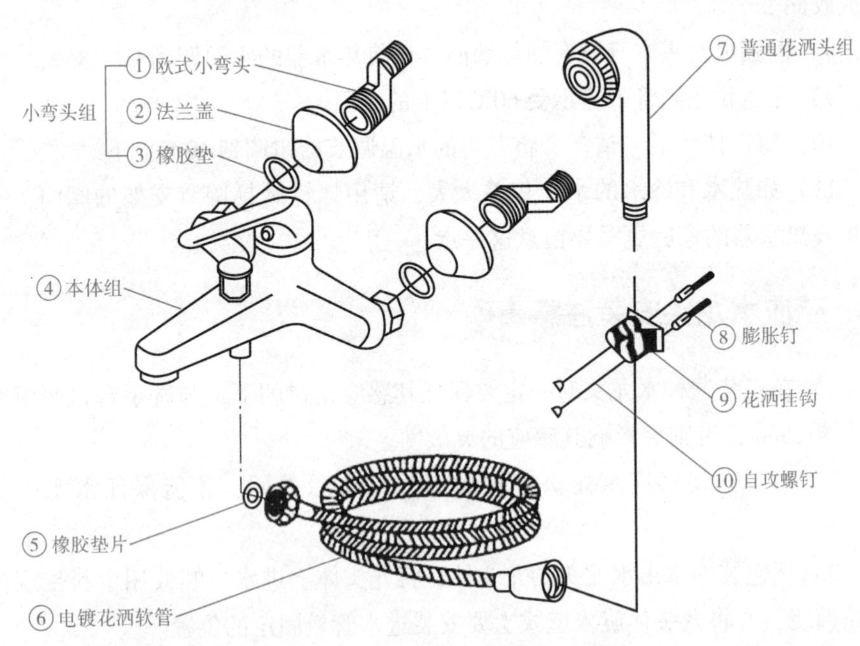

八、洗衣机水龙头安装步骤

1. 确定水龙头

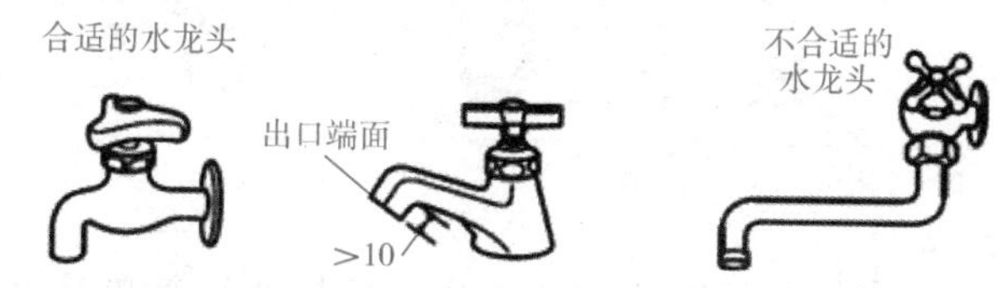

要求前端长度大于10mm。水龙头出口端面要平整，若不平整，需用锉刀锉平，以免漏水。

2. 进水管接头与水龙头的连接

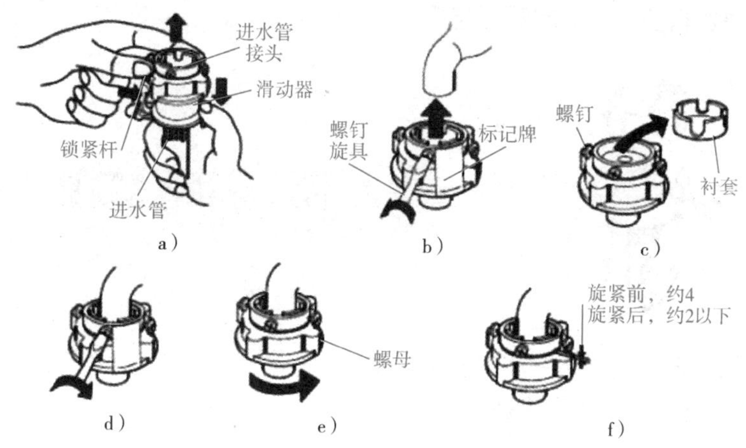

1）按住锁紧杆下端往下压滑动器，从进水管部件上取下进水管接头，如图a所示。

2）揭下标记牌，确认螺纹露出约4mm，如图f所示，若小于4mm，请松开螺母，使之达到4mm。

3）将进水管接头四个螺钉松至可套在水龙头上为止，然后将进水管接头套在水龙头上，如图b所示。如果水龙头口径偏大，进水管接头套不上，则松开四个螺钉，取下衬套，如图c所示。

4）均等紧固进水管接头上的四个螺钉，如图d所示。

5）旋紧紧固螺母，如图e所示。旋紧后，螺纹露出小于2mm，如图f所示。

3. 进水管与洗衣机连接

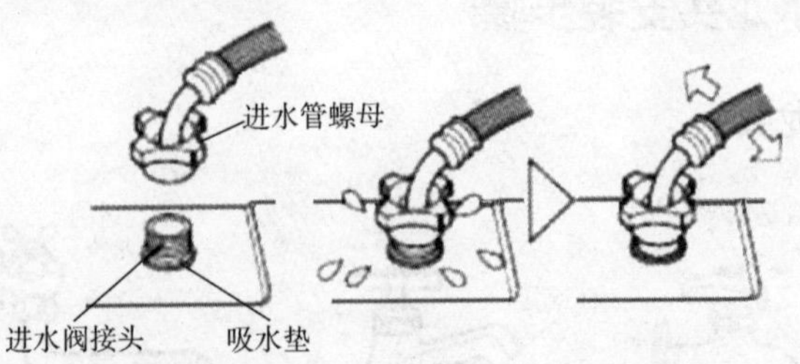

1）切勿取下吸水垫，每次使用洗衣机前请检查吸水垫是否脱落或损坏，如有此情况，请及时与售后服务部门联系。

2）将进水管螺母套到进水阀接头上。

3）拧紧进水管螺母，稍微晃动确认是否紧固合适。

4. 进水管接头与进水管的连接

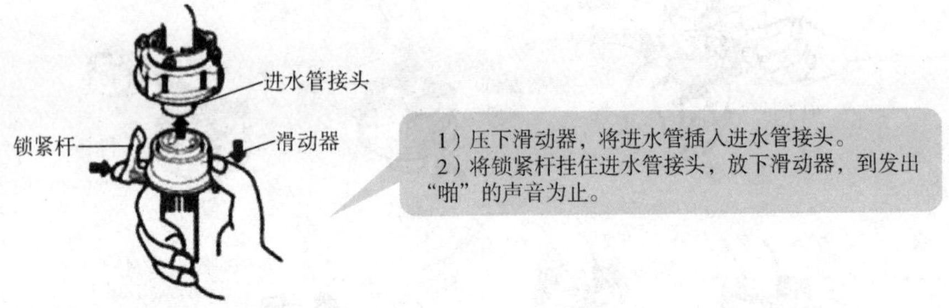

进水管接头
锁紧杆
滑动器
1）压下滑动器，将进水管插入进水管接头。
2）将锁紧杆挂住进水管接头，放下滑动器，到发出“啪”的声音为止。

5. 检查进水管接头与水龙头的连接

1）轻轻拉进水管确认是否紧固。

2）安装完毕打开水龙头，确认是否漏水。

3）进水管不能用力弯曲。

4）每次使用洗衣机前，请检查进水管接头与水龙头的连接及进水管连接处安装是否牢固，防止安装不到位而发生脱落。

第二节　水槽与淋浴房的安装

一、水槽安装

1. 固定位置

水槽在安装前一定要先确定好安装的位置和尺寸，这样方便按照尺寸订购，最好是有水槽平面图，免得数据不精确，导致返工。

2. 安装龙头和进水管

在安装水槽前，应该先安好水龙头和进水管，另一端的进水管则需要连接到进水开关。

3. 水槽放进台面

水槽放入台面后，需要在墙体和台面间安装配套的挂件，安装过程中尽量多注意水槽的密封效果。

4. 安装配套挂件

安装配套挂件一般被认为是水槽安装的最后一步，一般只有等水槽买到家后，工人才会根据水槽大小，进行橱柜台面切割，放入台面，就需要安装配套挂件。安装时，应把每个空隙都做好填充，以免以后出现漏水问题。

5. 排水验收

水槽整体安装完毕后，需要将水槽放满水，做排水试验，如果出现渗漏，应立刻找到问题返工修复。

6. 封边

排水试验确保没问题后，就可以对水槽进行封边处理。在用硅胶封边时，一定要保证水槽和台面连接缝隙均匀，不能出现渗水情况。

7. 清理

安装完成后必须对水槽进行清理，把安装时的杂物清理干净。千万别用水直接冲入下水，很容易引发下水管堵塞。

二、淋浴房安装

正规淋浴房厂家会派专业人员上门安装，使用工具随身带齐，更加快捷方便。淋浴房底盆安装一定要仔细，进行试水检测是必不可少的一环。如果淋浴房本体安装好，想做较大的改动就比较困难了。

1. 装前准备

检查淋浴房包装是否完整，打开后检查其配置是否齐全。准备好淋浴房安装必要的使用工具，放在一起以方便拿取。

2. 安装底盆

组合好底盆零件，调节底盆水平，确保盆内、盆底无积水。软管可随距离远近伸缩，将盆底与地漏连接牢固。

3. 测验、保护（重要环节）

淋浴房底盆装好后需要进行试水检验，以确保下水畅通无阻。在淋浴房本体安装前也要对已装好的底盆进行及时保护。

4. 淋浴房本体安装

淋浴房安全与否与淋浴房本体安装是否正规有着重要关系，找位打孔是否准确、配件安装松紧是否得当、防水密封是否做好等均影响到产品的正常使用。安装时的力度与角度也是一般人很难把握好的。

5. 找位、打孔

明确卫生间水管排布情况，防止打孔时打爆隐蔽管线。用铅笔、水平尺确定靠墙铝材的钻孔位，用冲击钻打孔。

6. 安装铝材（重要环节）

在钻孔处敲入胶粒，用螺栓将铝条锁于墙壁。注意需一边安装一边不断进行调整，以保持铝材的垂直度。

7. 固定玻璃（重要环节）

将淋浴房玻璃夹紧锁于底盆钻孔处，平玻璃或弯玻璃底部落入玻璃夹槽内，缓缓推入贴墙铝材，再用螺栓固定。

8. 安装顶管

在固定玻璃上方找到相应位置钻孔，装（直口/斜口）固定座并接好顶管。用弯管套将其固定于玻璃顶端。

9. 安装置物架

测准位置安装置物架，旋紧层板螺母，固定层板玻璃，保持垂直和水平。注意在固定玻璃的铝材下做防水。

10. 安装活动门（重要环节）

装好活动门的五金件，将合页装于固定门预留孔处。装好后调整合页的轴芯位置，到关门手感最佳为止。

11. 调试、紧固（重要环节）

检查各部分是否使用舒适顺畅，发现问题应及时调整。调整好后旋紧相应螺栓，让整个淋浴房更加牢固。

12. 收尾工作

将装饰铝条卡入贴墙铝材内，保证淋浴房外观整洁大方。最后需用抹布将整个淋浴房擦拭干净。

◀第三节　喷头与便器的安装▶

一、喷头安装

1. 喷头安装要点

1）喷头的安装应在系统测试和清洗后进行。

2）安装喷头时必须使用特殊的弯头和三通。

3）喷头安装时，喷头不应拆卸或改装，严禁在喷头上涂装装饰涂层。

4）喷头安装应使用专用扳手，严禁利用喷头的框架施拧；喷头的框架、溅水盘产生变形或损伤时，应采用规格、型号相同的喷头更换。

5）当喷头公称直径小于10mm时，过滤器应安装在主配水管或配水管中。

6）对于易受机械损坏的喷头，应增加喷头保护装置。

7）安装喷头时，防溅板与顶棚、门、窗、孔或墙之间的距离必须符合设计要求。

2. 注意事项

（1）喷头高度　当安装喷头的时候，最重要的就是确定整体的高度，高度是需要根据使用者的平均身高来决定的，对于淋浴喷头高度来说，太高太低都是非常不合适的，会影响舒适度。

（2）预留高度　对于预留的高度就是水龙头和喷头之间的高度，在进行喷头水龙头安装的时候，要注意两者自己的高度以及距离，这样装饰度更好，否则整体美观度会受到影响，也会造成其他问题的发生。

（3）弯头间距　对于淋浴喷头来说，弯头部位的间距也需要注意，一般在15cm左右最为合适。喷头都有转接头的存在，如果比较重视美观度，在装修的时候就尽量避免转接头的使用，如果不重视美观度，最好进行装接头安装，这样效果会更好。

二、便器安装

1. 蹲便器安装的要求

1）蹲便器安装前，要根据所购买的蹲便器排污口，在距离墙的一个适当位置预留下水管道，这时候还要确定下水管道入口距地平面的距离。

2）在安装蹲便器前，其地面预留的凹坑深度要大于便器的高度。

3）先把蹲便器的进水口处做好密封处理，再把进水管插入到进水孔里，这样就可以避免漏水问题。

4）要在蹲便器的边上涂抹一些玻璃胶，再用一些填充物来稳定住蹲便器。

5）蹲便器安装完后，就要进行防水测试，若有漏水现象，则要做进一步的细致处理。

6）测试完不漏水，接下来就要进行填充，需要注意的是，在陶瓷和水泥浆接触的地方要抹上一些沥青，这样会更好使用。

7）整个工作完成后，就要贴瓷砖了，这样做会更美观。

8）最后，安装完再试着冲一下水，看是否合适。

2. 蹲便器安装的注意事项

1）在安装蹲便器时，一定要先测量蹲便器的尺寸，并按其尺寸预留好安装位置。安装位置内要用混合砂浆填心，千万不能用水泥安装，不然水泥凝结膨胀会挤破蹲便器。

2）一定要记得在蹲便器的安装面涂抹一层黄油或沥青，这样蹲便器与水泥砂浆隔离就会保护产品不被胀裂。在用加热溶解沥青涂饰时，要注意防止蹲便器受热破裂。

3）若蹲便器不带存水弯，则要在管道上设置存水弯，这样可以起到隔臭功能。若蹲便器自带存水弯，则下水管道就不用再设置存水弯了，否则会影响冲水功能。

4）蹲便器的进水冲洗装置主要有高水箱冲洗、球阀、延时冲洗阀、电磁感应冲洗阀、手动冲洗阀等。

5）在蹲便器安装和其使用过程中要避免猛力撞击。

3. 安装坐便器

（1）确定坐便器大小　根据自己家里卫生间的大小确定坐便器的规格大小，然后到市面上选购心仪的坐便器，并购买不锈钢编织软管一根、法兰一个、硅胶一支、电锤钻一把。

（2）检查排污管道与地面是否水平　检查排污管道是否有泥沙等杂物堵塞，并清理干净；之后对安装坐便器的地面进行检查，看是否水平，如果地板不够平整就需要将地面铺平，把排污口进行切割打磨，切割排污管时，不要把排污管切得和地面平齐，要留出来一些，然后使用打磨器打磨平整。之后才能进行下一步动作，这是基础，很重要。

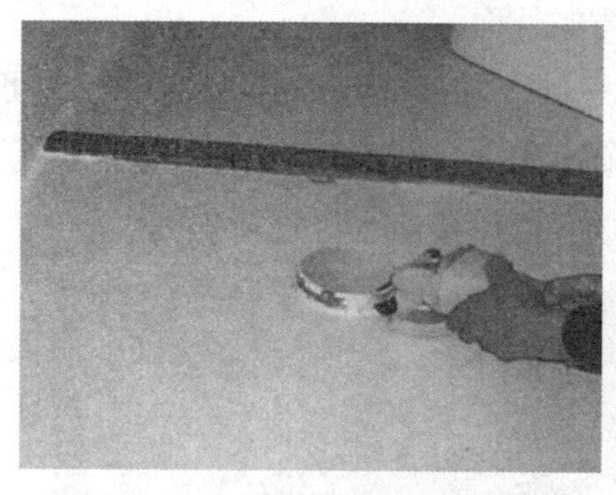
打磨排水口图

坐便器排水口图

（3）封堵坐便器不需要的孔　坐便器上可能有一些不需要的孔，比如有的坐便器有固定用的两个孔，那么这个孔就是需要封堵的，以免后期导致卫生间有异味的情况发生。封堵的话，使用玻璃胶来封堵就可以。

此外，也会有部分坐便器，是有不同坑距的，那么就需要把不需要的坑距封堵上就可以了。

（4）确定排污中心　确定坐便器的排污中心其实很简单，只要把坐便器倒放过来。此时，直接在排污中心处画上十字，画大一些，延伸至坐便器底部和四周的脚边，这是为了方便将坐便器排污口对准地面的排污中心。

确定坐便器中心图一

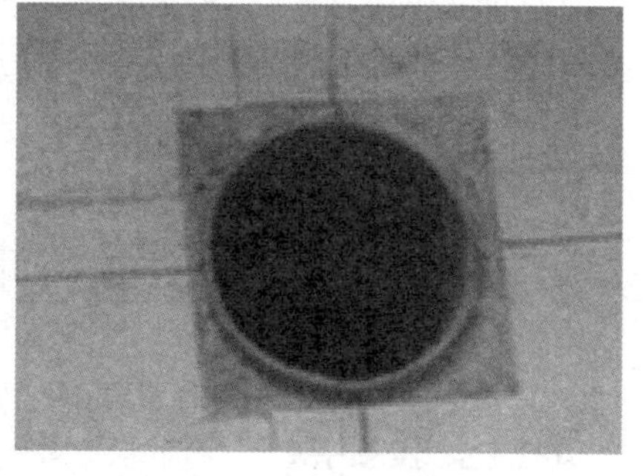
确定坐便器中心图二

（5）固定坐便器　在固定之前，需要把法兰套在坐便器排污管上，对准下水管轻稳放下，下水管的管壁就会插到法兰的黏性胶泥里，起到密封作用。固定坐便器时，之前画好的十字就派上用场了，对准十字后用力压紧密封圈，然后安装地脚螺栓与装饰帽。

（6）底部密封　做好之前的工作，就可以进入后期的密封工作。可以在坐便器的底部四周涂上一层玻璃胶或者使用水泥密封。这样可以有效防止漏水，异味飘出，也可以把卫生间的积水挡在外面。

（7）安装水箱配件　安装水箱配件之前，需要先把管道冲洗干净，可以放水 3～5min 冲洗，当自来水管干净后就可以把软管与角阀连接上，然后再把软管与安装好的水箱配件进行水阀连接，之后接通水源进行检测。

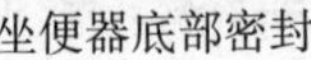

坐便器底部密封

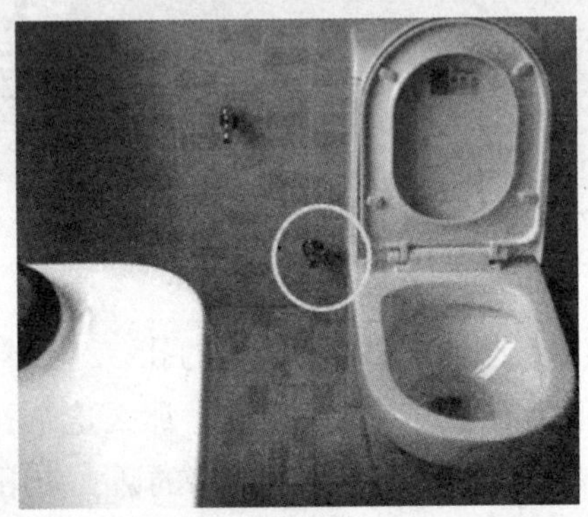

安装角阀图

（8）检验　坐便器安装到这一步，基本就算完成了，不过还需要检测一下坐便器是否安装好，这算是对之前事情做一个检验。检测的时候，需要看各个连接处是否密封，有没有漏水情况，进水阀与排水阀是否顺畅灵活。

（9）准备安装工具　安装工具一般有三通、扳手、生料带、角阀、防霉的玻璃胶，还需要有法兰圈，打磨排污管的话，还需要有打磨器。

◀第四节　地漏的安装▶

一、地漏安装要点

1）在安装地漏之前，道具是要准备好的，螺钉旋具、小锤子、凿子、水泥、毛巾、地漏。

2）还要特别检查室内的排水管道，看其是否堵塞。

3）地漏也要确保完整，能够正常使用。地漏的主心要保证能够正常的开合，密封性一定要好。

4）清洗管道：先用水冲洗管道内部，然后再拿准备好的毛巾塞紧管道口，将周围清理干净之后，将布拿掉。注意可以保证里面不会残留异物。

5）在管道的排水口附近涂抹水泥，接着在地漏的背面也抹上足够多的水泥，这样才能够保证地漏和排水口紧紧地结合在一起。

6）最后一步，是在排水管道口附近抹上足够多的玻璃胶，并将地漏套筒放进排水管道中。在安装完之后，别忘记清理干净地漏附近的垃圾。

二、地漏安装的方法

1. 地漏安装对角线切割法

若是地漏的安装位置是在瓷砖的正中央位置，需要将瓷砖沿着对角线切开，得到4块等边三角形，在贴的时候需制造出一定的倾斜角度，然后地漏在瓷砖的正中央。

2. 地漏安装四边切方式

无论地漏是处于哪种位置，都可以用这种方法进行安装：在以地漏为中心，边长为12cm左右的正方形区域中做出对角线，在贴瓷砖的时候，一定要做出一个轻缓的坡度，这样才能保证水流到地漏中。这种安装方法，外观不美观，不过很实用。

3. 地漏安装十字形铺贴

这种安装方法，是以地漏作为中心点进行铺贴的，这种方法可以说是比较好的，不但让地砖保持了完整性，而且从外表上看也非常美观，当然该有的坡度还是要有的。

4. 地漏安装边缘中断式

这个方法适用于地漏位于墙壁边缘的情况，在最靠近墙壁的那一小段区域中，地砖贴成直线的形状，只需要将瓷砖中间预留出地漏的位置即可。

◀第五节　吊顶浴霸的安装▶

一、安装前的准备工作

在安装浴霸之前，用户的浴室应该做好下面的准备工作。

1. 电线、暗盒的预埋

1）电线、暗盒的预埋一般在水电安装及贴墙砖前进行。

2）电源线、开关控制线必须根据安装的具体型号要求能承载10A或15A以上的负载；电线的线径至少要在1.5～4mm²（铜线不要超过6mm²）。零线设为蓝色，火线设为红色，接地线设为黄绿双色。电线需穿入足够容纳控制线数量的PVC管来进行预埋。

3）控制线数量必须根据产品具体型号确定，并选用几种颜色的电线区分功能，以便安装接线。浴霸本身配有互连软线的尽可能使用原配的互连软线。可选用浴霸专用电源线，有5芯与6芯，根据浴霸接线要求选用。

4）浴霸开关安装位置距离淋浴花洒不可小于1000mm；高度离地面应不小于1400mm。

5）选用国标86型开关暗盒，为了确保能轻松容纳开关控制电线，安装后开关不受挤压并紧贴墙面，暗盒沿边应低于瓷砖表面20mm，沿边空缺用水泥填充并固定牢固。

2. 开通风孔

确定墙壁上通风孔的位置（应在吊顶上方150mm处），在该位置开一个直径为105mm的圆孔。

3. 安装通风窗

将通风管的一端套上通风窗，另一端从墙壁外沿通气孔伸入室内，将通风窗固定在外墙出风口处，通风管与通风孔的空隙处用水泥填封，如下图所示。

需指出，因通风管的长度为1.4m，故在安装通风管时须考虑产品安装位置中心至通风孔的距离，如超过1.2m，需加长通风管。

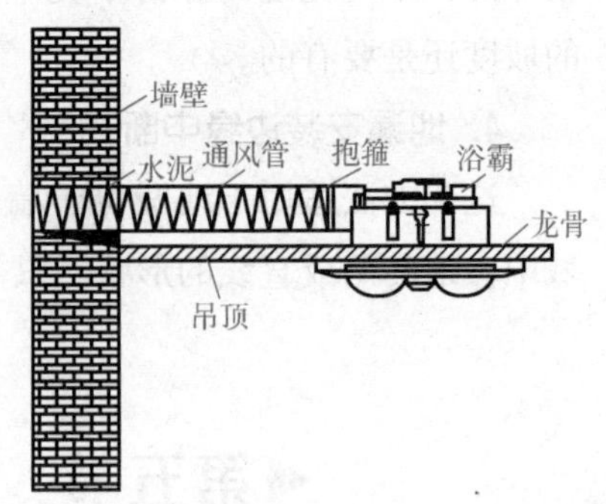

浴霸安装示意图

4. 确定浴霸安装位置

为了取得最佳的取暖效果，浴霸应安装在浴缸或淋浴房中央正上方的吊顶上，安装完毕后，灯泡离地面的高度应在2.1～2.3m，过高或过低都会影响使用效果。

5. 吊顶准备

用30mm×40mm的木档铺设安装龙骨（龙骨应保证足够的强度），按照开孔尺寸在安装位置留出空间，吊顶与房屋顶部形成的夹层空间高度不能小于200mm。按照箱体实际尺寸在吊顶上产品安装位置切割出相应尺寸，方孔边缘距离墙壁应不小于250mm，如下图所示。

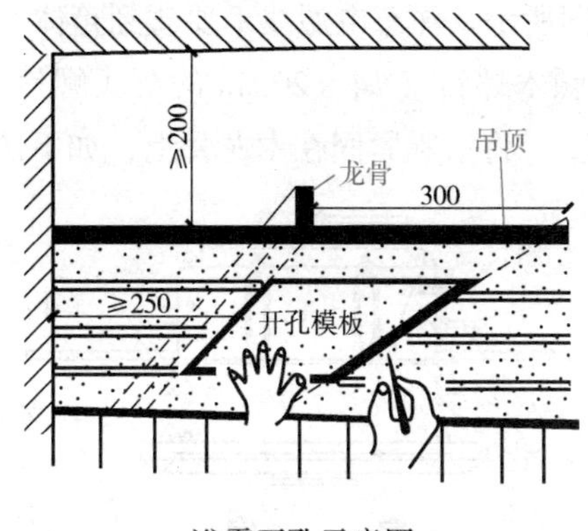

浴霸开孔示意图

二、把浴霸固定在吊顶上

（1）取下面罩　把所有灯泡拧下，将弹簧从面罩的环上脱开并取下面罩。拆装红外线取暖灯泡时，手势要平稳，切忌用力过猛。

（2）接线　按接线图所示将互连软线的一端与开关面板接好，另一端与电源线一起从吊顶开孔内拉出，打开箱体上的接线盒盖，按接线图及接线柱标志所示接好线，盖上接线盒盖用螺钉将接线盒盖固定。然后将多余的电线塞进吊顶内，以便箱体能顺利塞进孔内。产品上提供的插头为试机使用，当产品连接电源时，应注意选择截面面积大于1mm^2 的铜芯线，同时注意要可靠接地。接线时两人协助进行，一人托箱体，一人接线。

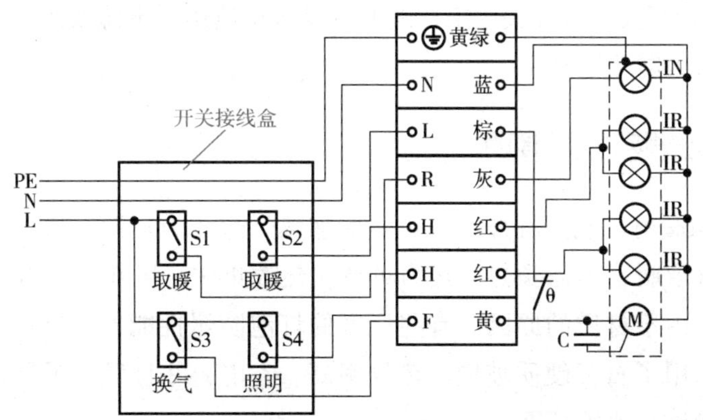

浴霸电源接线图

(3) 连接通风管　把通风管伸进室内的一端拉出在浴霸出风罩壳的出风口上，用抱箍扎紧。注意通风管的走向尽量保持笔直。

(4) 将箱体推进开孔内　根据出风口的位置选择正确的方向把浴霸的箱体塞进开孔内，如下图所示。注意电源线不要碰到箱体。

(5) 固定　用四颗木螺钉（$\phi 4 \times 20$mm 的沉头螺钉，石膏板安装螺钉长度应增加石膏板的厚度）将浴霸紧固在木龙骨上，如下图所示。

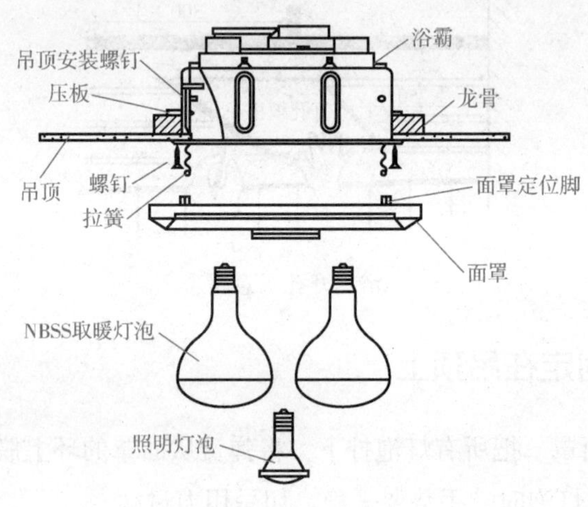

浴霸的装配及固定

(6) 最后的装配

1) 安装面罩。将面罩定位脚与箱体定位槽对准后插入，把弹簧钩在面罩对应的挂环上。

2) 安装灯泡。细心地旋上所有灯泡，使之与灯座保持良好的接触，然后将灯泡与面罩擦拭干净。

3) 固定开关。将开关固定在墙上，以防止使用时电源线承受拉力。固定位置应能有效防止水溅。

三、浴霸选购注意事项

(1) 取暖灯　利用红外线石英辐射加热灯泡作为热源，通过直接辐射加热房间空气取暖，不需预热，热力可调，热效集中，可在瞬间获得大范围的取暖效果。由于材质的原因，有些厂家的灯泡防爆性能差，热效率低。一些优质品牌采用了石英硬质玻璃，热效率高、省电，并且经过了严格的防爆和使用寿命测试，比较可靠。

(2) 包装与配件　正规厂家的产品外观光滑，图文印刷精致清晰；产品附有开关板、接线盒和排风口等配件；产品包装内附有说明书、合格证和安全使用手册等。

(3) 面罩　面罩质量高低，对浴霸功能的发挥至关重要。质量高的面罩不仅厚度适中，表面光洁，而且耐高温、阻燃等级高。

(4) 照明灯　长时间使用浴霸，强光会造成光污染，因此，最好选用优质的柔光灯泡。有的产品采用的是 GE（美国通用电器）、PHILIPS（飞利浦）、OSRAN（德国欧司朗）等品牌的照明灯，灯光柔和，使用寿命也长。

(5) 灯头与灯座　普通灯泡的灯头与灯泡玻璃壳在高温情况下容易脱落。优质浴霸一般在灯头和灯泡之间采用螺纹连接的方式，比较牢固；由于大功率的灯泡经常开关会使灯座的导电圈脱落，好的浴霸一般采用联体设计的瓷座，能够保证用户长期使用，解除了维修灯座之苦。

(6) 微型电动机　良好的微型电动机一般都有热温安全保险装置，当电压不稳、温度较高时可自动跳闸，待恢复正常后又可返回到工作状态。为了保证在浴室潮湿条件下电动机不致生锈，高品质的浴霸常采用不锈钢的旋杆，选购时要留意观察。

附录　旧房改造注意事项

1. 房屋改造拆除建筑主体时要确保安全

建筑主体的改造经常出现在空间重新规划的情况下，进行建筑主体的拆改时必须要确保施工安全，很多老旧的房子一般门洞所在的墙体是承重墙，这些墙体是绝对不允许随意改造的。

2. 房屋改造拆除中下水管网不要乱改

下水网的拆改也是房屋改造拆除中常见的，拆改时候需要特别注意的是坐便器的下水管路尽量不要改动位置，因为排污管道对于落差和管道角度方面的要求更高，如果拆改后的管道稍有偏差，会影响到后期的排污效果。

3. 房屋改造拆除中配重墙体别乱拆

配重墙是指阳台与室内空间间隔的墙体，一般有一门一窗，这堵墙的门窗可以进行拆改，但是窗以下的墙体不能随意拆除，因为“配重墙”起着挑起阳台的重要作用，特别是飘阳台，更需要这堵“配重墙”的帮助，拆除后会造成阳台承受力下降，抗震效果减弱，而且也存在阳台下坠的风险。

4. 房屋改造拆除中的电路施工情况

电路设计要多路化，做到空调、厨房、卫生间、客厅、卧室、计算机及大功率电器分路布线；插座、开关分开，除一般照明、挂壁空调外各回路应独立使用漏电保护器；强、弱分开，音响、电话、多媒体、宽带网等弱电线路设计应合理规范。

5. 房屋改造拆除中的水路施工情况

要提前想好用燃气还是电的热水器，避免临时更换热水器种类，导致水路重复改造。卫生间除了留给洗手盆、坐便器、洗衣机等出水口外，最好还接一个出来，以后接水拖地等方便。

6. 房屋改造拆除中的卫浴拆除

瓷砖拆除是卫浴拆改的关键施工部分，拆除尽可能不要太过于暴力，避免破坏墙地面，以保障卫浴的防水能力（若瓷砖拆除后露出黑色的聚氨酯类的防水，也是需要铲除的，因为原防水层和新施工墙面极容易粘贴不牢固造成空鼓脱落的情况发生）。插座和龙头附近的瓷砖拆除要格外小心，须摸清电线和水管的走向，以防损坏电线和水管。

7. 房屋改造拆除中的地面拆除

房屋改造拆除的质量才是关键，必须保证拆除完全，地面清理干净；如果是铺设了地暖的地面，拆除就更要格外小心，外露的散热器管口要塞好，防止杂物掉入；厨房卫浴砸地砖的时候，也需要把地漏和下水口塞好，防止杂物掉入管道造成堵塞。

铲墙皮的原因有以下几点：

1）前期房子用的腻子粉不好，胶性低，时间长了腻子中的胶水过期后会出现脱落现象。

2）开发商刮腻子前，基层没有处理到位，或者没有处理，时间长了从水泥面粉化脱落。

3）前期的基层处理不到位，当房屋过了一个供暖季或者住满人以后，楼房有沉降，会使房屋出现裂痕。

参考文献

[1] 阳鸿钧，等．水电工技能全程图解——家装、店装、公装［M］．北京：中国电力出版社，2014.

[2] 徐武．图解家装水电设计与现场施工一本通［M］．北京：人民邮电出版社，2017.

[3] 理想·宅．视频＋全彩图解家装水电施工技能速成［M］．北京：化学工业出版社，2018.